情商管教

如何引导孩子远离可怕的抑郁情绪

韦秀英　顾长安
苏　格　著

青岛出版社
QINGDAO PUBLISHING HOUSE

图书在版编目（CIP）数据

如何引导孩子远离可怕的抑郁情绪 / 韦秀英，顾长安，苏格著. — 青岛 ：青岛出版社，2020.12

（情商管教）

ISBN 978-7-5552-8821-3

Ⅰ. ①如… Ⅱ. ①韦… ②顾… ③苏… Ⅲ. ①抑郁－自我控制－青少年读物 Ⅳ. ①B842.6-49

中国版本图书馆CIP数据核字(2020)第178128号

书　　名　情商管教：如何引导孩子远离可怕的抑郁情绪
著　　者　韦秀英　顾长安　苏　格
出版发行　青岛出版社
社　　址　青岛市海尔路182号（266061）
本社网址　http://www.qdpub.com
邮购电话　18613853563　　0532-68068091
责任编辑　李文峰
特约编辑　郑丽丽
校　　对　耿道川
装帧设计　白砚川
照　　排　梁　霞
印　　刷　德富泰（唐山）印务有限公司
出版日期　2020年12月第1版　　2020年12月第1次印刷
开　　本　32开（880mm×1230mm）
印　　张　7.5
字　　数　100千
书　　号　ISBN 978-7-5552-8821-3
定　　价　32.00元

编校印装质量、盗版监督服务电话　4006532017　0532-68068638
建议陈列类别:畅销·亲子家教

情 商 管 教 ： 如 何 引 导 孩 子 远 离 可 怕 的 抑 郁 情 绪

别让1%的抑郁毁了99%的快乐

我们生活在错综复杂的社会中，情绪有时就像洪水猛兽一样扰乱着我们的内心，一旦我们无法控制它，它将会被无限放大，对我们产生巨大的影响。学会有效控制不良情绪，保持情绪稳定，是我们一生都要学习的重要课程。

很多时候，人之所以感到不快乐，就是因为还没有学会掌控情绪。美国哈佛大学心理学家罗伯·怀特曾经说过："任何时候，一个人都不应该成为自己情绪的奴隶，不应该让一举一动都受制于自己的情绪，而是应该反过来去控制情绪。"无论现状有多么糟糕、多么难熬，我们都应该去努力适应我们周围的环境，把自己从不良情绪的水深火热之中拯救出来。

在生活中，大多数家长希望孩子能赢在起跑线上，于是连周末都不放过，让他们参加各种课外辅导班或兴趣班；也有一些家长忙于工作，很少关注孩子的日常生活和学习。这些都是越来越多的孩子会出现抑郁情绪的原因：在这些不当的教养过程中，家长往往忽略了孩子的情绪问题；孩子的心理承受能力本身就比较脆弱，紧张的家庭氛围以及不和谐的生活环境都有可能影响孩子的情绪；很多孩子的心态明明不错，他们每天过得很快乐，可就是在某一时刻因为某件事，让他们受到了打击，家长又没有给予及时的关注和指导，这就会导致他们出现抑郁情绪，并深陷其中、痛苦不堪。

所以，为了不让1%的抑郁情绪毁掉孩子99%的快乐，家长一方面要注意保持家庭和睦，同时也要注意自己的一言一行，不要给孩子施加不必要的心理压力；另一方面要懂得运用恰当的教育方式，及时与孩子沟通，更多地了解孩子，耐心地启发引导他们，让孩子走出阴霾，重拾快乐。

目录

C O N T E N T S

前言
别让1%的抑郁毁了99%的快乐

第一章
当保持开心变成了一件很难的事情

第二章

情绪色彩：抑郁其实并不是灰色

第三章

爱的教育：为久闭的心窗，投下温暖的光芒

第四章

正念意识：是他想太多，所以不快乐

第五章

说破无毒：能说出来的痛苦，都将不再是痛苦

第六章

接纳自我：为孩子的个性价值持续赋能

第七章

记忆重塑：把所有黑暗都甩落身后

情商管教：如何引导孩子远离可怕的抑郁情绪

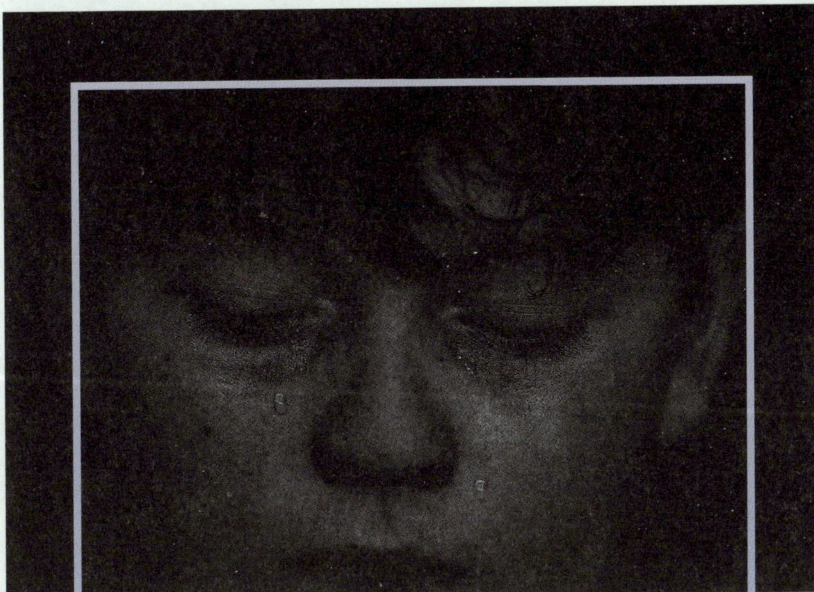

第一章

当保持开心
变成了一件很难的事情

现在有很多孩子，经常会表现出性格内向、不爱交际、孤僻、多疑、暴躁等问题，他们思考问题时只注意事物的消极面，不知不觉地陷入抑郁状态。孩子出现抑郁情绪，一般都有一些心理诱发因素。比如，父母离异；父母对子女漠不关心；身患疾病；人际关系不和谐；学习成绩下滑；生活中曾经历过其他不幸，遭遇过精神上的创伤；等等。

孩子在无忧无虑的年纪，让自己保持开心却成了一件很难的事情。孩子出现这种情况是可以理解的。家长们要明白，情绪有好有坏，家长不要忽视孩子的不良情绪，要学会耐心疏导孩子的不良情绪，对孩子多一些理解和陪伴。

每个人
都有情绪周期

我的闺密是一个资深的心理咨询师，她平均每天会有2~3个咨询者，在她接触的这些人中，要么是青少年，要么是青少年的父母，还有一部分人是刚步入社会的年轻人，他们通常都会有一个疑问：自己是不是得了抑郁症？闺密了解了他们的诉求与近况、分析了他们的行为后，发现他们中的大部分人存在着类似的情绪状态：在某一段时间内，他们不想和人说话，烦躁不安、恐惧，几天后心情会逐渐恢复平静。这其实就是“情绪周期”在作怪。

19世纪初，一个英国医生和一个德国心理学家同时发现了一个周期性的现象：有些病人出现注意力不集中、精神萎靡不振、情绪失控等症状，他们平均28天就来治疗一次。通过持续性观察，他们将这种现象称为“情绪周期”。

每个周期的前半段为“高潮期”，后半段为“低谷期”，高潮期和低谷期两者交替的这段时间，就是我们所说的“情绪周期”。在一个周期内，情绪处于高昂状态的时候，我们就会对周围的一切事物持有积极的心态，意气风发，对待他人和蔼可亲，感觉生活是积极美好的；但是当情绪处于低落状态的时候，我们则会表现出浑身乏力、压抑委屈、暴躁不安，甚至像一头愤怒的野兽，试图攻击别人。

很多人会错误地认为，只有女性因为生理期的影响会出现情绪周期的现象，其实不然。无论男性还是女性，从出生那天起到离开这个世界为止，情绪周期都将伴随我们一生。情绪周而复始、反复波动，就像一年四季的变化那样自然。从古至今，无论是伟人还是凡人，都不能脱离这一规则。只是由于每个人的性格不同、经历不同，所以情绪的上下浮动和持续的时间也会不同。

有一个学生，他从12岁开始，每到12月份就会失眠，失眠的情况长达一个月，而近两年，他的失眠次数增加了，除了12月以外，其他时间他也会失眠。他除了考试压力和升学压力外，没有其他的压力，他觉得这些压力不会让他失眠。最近半年他的情绪剧烈起伏，当和别人在一起的时候，他依然可以谈笑风生；等大家离开后，他会觉得很累，会莫名地情绪低落；尤其到了晚上，他还会不断质疑自己、否定自己，对生活也不再像以前那样充满希望。而且他特别容易发怒，即使明知道是自己的错，依然会控制不住情绪，对别人恶语相向，为了不伤害别人，他会去咬自己的手，用痛楚缓解心中的怒火。于是，他怀疑自己得了抑郁症，非常恐慌。

实际上，他只是在情绪周期内被抑郁的情绪所困扰，并非抑郁症那样严重，之所以会过度恐慌，是因为对抑郁情绪不够了解。他对抑郁情绪的苗头也没有及时采取干预措施，才让情绪“低谷期”持续的时间延长，任其愈演愈烈，对生活产生了各种负面影响。

可见，即便是正常的情绪周期、合理的情绪起伏，如果不能很好地引导不良情绪，它们便会不断地被强化和渲染，情绪“高潮期”与“低谷期”出现的时间就会失衡，孩子势必会陷入成长的泥潭之中。时间一长，恶劣情绪还会向病态发展，影响家人和朋友，产生数不清的争执与矛盾。

尽管现在很多家长已经开始关注孩子的情绪状态和心理感受，也有很多情绪管理类的书籍和课程可以提供指导，但是在养育管教孩子的过程中，有家长发现，孩子的很多行为自己根本理解不了，孩子的很多情绪自己也把控不了。其实，孩子喜怒无常的背后，掩藏着无数“成长的烦恼”。比如，他们无法说出心理的需求，或者不知道可以和谁说，尤其是家长对孩子有着比较高的期待、让孩子去做家长认为正确的事情时，家长往往听不到孩子的诉求，长此以往，孩子的情绪问题就会不断升级，孩子逐渐习惯用沉默或者吵闹表达他们的不满。

为了缓解亲子之间的紧张关系，为了孩子能健康成长，父母要学会尊重孩子的情绪周期，在他处于“低谷期”时更要学会倾听，试着做孩子的忠实听众，用心聆听孩子的内心，走进孩子的世界。

性格开朗不代表不会抑郁

很多家长觉得，只有那些性格内向、腼腆害羞、不善与人交流的孩子才更容易因为想不开而产生抑郁情绪，似乎抑郁是性格内向之人的专有物。所以他们坚信，自己的孩子性格开朗活泼，既是小调皮，又是开心果，肯定与抑郁情绪“绝缘”，即便孩子遇到了挫折打击，也能毫发无损地从中走出来。

然而事实并非如此。现代人的情绪崩溃，早已不是一眼就能看穿的悲伤或愤怒，它们是不动声色的压抑与隐藏，是猝不及防的抉择与消亡。

小美是个14岁的女孩，她性格外向，学习成绩优异，在父母眼里是懂事听话、乐于助人的好孩子。但是突然之间，她却走上了自杀这条路。这令所有认识她的人在扼腕叹息之余都觉得难以置信——“平时没看出她有什么不开心的事情啊，每天都乐乐呵呵的，怎么会突然想不开呢？”“今天她还约我明天一起去逛街喝奶茶呢，怎么可能晚上就自杀了呀！”

其实，她的开心只是假象，她的抑郁才是真性情。在自杀前的那一个月里，她在朋友圈发了很多条动态：“我觉得很压抑，有种被扼住喉咙的感觉，我想说话，但我说不出来。”“这种痛苦的感觉，没人能理解。”“我要努力微笑啊，因为他们希望我开心，但我真的很累。”“我，坚持不下去了。”……在发了最后一条“终于可以解脱了，真开心。”后，她服下了一瓶安眠药。但这些动态，她选择了私密发布，没有人感受到她的抑郁，也没有人看到她的痛苦，甚至到生命的最后一刻，她都没有向父母求助，宁愿独自忍受着内心的挣扎、绝望与无助，这着实让人痛心。

可见，我们并不能以性格来划分情绪趋向，影响个性心理特征的因素除了性格外，还包括能力、态度、经历等，这些因素相互叠加、相互作用，共同影响着个体的心理状态。所以，即便是性格开朗活泼的人，也会出现心理问题，比如焦虑、抑郁、强迫、紧张、恐惧等，他们也会有莫名伤感的时候，也会产生难以释怀的心结，这是很正常且客观存在的现象。

我们之所以会产生“性格开朗的孩子不会抑郁”的错误认知，是因为一直以来一提起“抑郁”二字，与之相匹配的表现都是“消极悲观、不善言辞、心情低落、愁眉不展、疲惫憔悴”，这些词汇都与性格开朗的人不符，他们应该是“乐观积极、能言善辩、情绪高涨、喜笑颜开、精力充沛”的。

但实际上，这些性格开朗的人也会被抑郁的情绪所困扰，就像小美一样。当她被标签化之后，人们便倾向于接受她所表现出来的开朗、阳光、快乐、温暖的正面情绪，而不接受与之相反的负面情绪，甚至连小美自己都觉得“我应该表现出开心，我要努力微笑”，所以即便遇到了不开心的事，她也要强迫自己去想高兴的事，强迫自己做出高兴的样子，每天伪装出笑脸，仿佛一切如常。然而在笑容背后，是被她掩藏起来的郁闷、委屈、自卑、惶恐和愤怒。她活得就像是一个“双面人”，呈现在别人眼中的她是阳光明媚、潇洒自如的，在转身的瞬间突然收敛起脸上的笑容，只有她看得到自己内心深处是那么黑暗压抑、痛苦不堪。一天天积累的压抑感、一次次撕扯的冲突感，终于让她筋疲力尽——“我，坚持不下去了”。

人的性格是很复杂的，仅仅用简单的“外向”与“内向”来概括一个人，并且据此判断他的能力、情绪、做法，

都是不切实际的。无论是性格内向的独行侠，还是性格外向的乐天派，都会在遇到难以处理的问题时产生执念，或是明知没有可能却不敢放弃，或是为了满足别人的期待而负重前行，或是把所有的委屈误会都一个人承受，日积月累，这些负面情绪越来越多，就像暗室里的霉菌一样疯狂滋长，慢慢超出孩子心理所能承受的范围，变成了严重的抑郁情绪。对于性格开朗的孩子来说，这些抑郁情绪反而会无法向别人倾诉。

所以，我们想知道孩子是否正在被抑郁情绪困扰时，不能只通过他的外在表现来分辨，我们应该时刻关注他们的内在感受，用心体会他们情绪上的波动。如果我们觉得某件事确实对孩子造成了打击，但他的不开心却没有表现在脸上，甚至还戴着一张“我很好，我没事，我很快乐”的面具，那么我们就要试着走进孩子的内心世界去看一看。

隐藏在叛逆表象下的弱小与无助

小丁一直是一个品学兼优的好学生，但自从升入高中后，因为无法适应新的学习环境和教学节奏，他的学习成绩逐渐下滑，这种落差产生的自卑使他对上学有了抵触心理，他甚至频频逃学，对家长和老师的规劝置之不理。小丁妈妈对此感到十分头痛——“以前的乖儿子怎么会变成这样？简直判若两人，难道是他进入叛逆期了？”

叛逆期，通常是从家长的角度给孩子的青春期重新定义的一个称谓。对孩子来说，这个阶段不过是他们人生中一个正常的发展阶段而已。

一般情况下，孩子会经历两次叛逆期。

第一次是在两岁到三岁的手脚敏感期，两三岁的孩子已经有了强烈的自我意识，但是他并不知道该怎么去表达自己的想法，会感到慌乱，因此他们大吵大闹，情急之下就会做出随心所欲的反应。

第二次是从12岁起的青春期，这时的他们脱离了儿童阶段，开始向成年人迈进，他们开始思考："我该怎么活着？我是应该听家人的还是听自己的？"家长们之所以会把孩子的青春期当成叛逆期，是因为在这个阶段孩子不再像小时候那样对家长言听计从，他们开始独立思考，有自己的想法。在双方的想法无法达成一致的时候，他们就不再服从家长的意愿，会顶嘴反抗，和家长对着干，跟父母的沟通也会越来越少。这些行为都符合青春期心理发展的特点，属于正常现象。

但青春期有时候也是危险时期，在这个时期，孩子需要建立个人身份的认同感。这个过程充满了阻碍和矛盾，孩子会出现反抗和叛逆。一些在童年时期被家长过度压制、只能服从的孩子，或者在父母的过度保护下缺乏独立意识、无法按照自己的意愿成长的孩子，他们想独立，但是能力达不到，只能寻求大人的帮助，然而听取大人的意见也就意味着自己不是完全独立的个体。在此期间，孩子处于体验独立与依赖父母的矛盾中，不断和自己较劲，倔强又执拗。这个时候，如果有一些外在的批评声传进他们的耳朵里，本就彷徨的他们会感觉被否定、被孤立、被全世界遗弃。

也就是说，小丁逃学，表面上看是叛逆心理作祟，实际上却是抑郁情绪诱发的。这里面的苦衷只有他自己能体会到。

当日常生活总是被干涉、被安排、被抑制，无法实现劳逸结合时，他是弱小的。小丁妈妈对小丁的要求非常严格，她给小丁灌输的观念是：只有学习才是正事，好成绩才能证明自己的价值，才能得到他人的认可。尽管小丁平时有自己的兴趣和爱好，但是当学习占据了所有时间，兴趣爱好也就变得无关紧要了。他刚打开电脑准备看漫画教程，妈妈就提醒他该学习了；他刚打开漫画书，妈妈催促学习的声音又响起了。不知不觉中，小丁变成了一台没有感情的学习机器。

当自己的需求被无视，无处表达诉求时，他是无助的。平时小丁和妈妈分享学校发生的事情时，妈妈总是不等小丁说完就打断他的话，开始发表自己的看法，就像一个站在道德制高点上的卫道士，讲了一大堆枯燥无味的大道理。小丁待在家里感觉很压抑，没有人能理解他，没有人愿意听他说话，慢慢地小丁和妈妈的交流就变少了。

当很难适应高中生活的小丁因考试失利而被妈妈责怪时，他是自卑的。尽管妈妈平时说只要小丁努力就行，不在乎考试成绩，但只要小丁考试成绩不太理想，她的脸色就会很差，时不时冷嘲热讽几句。慢慢地，成绩变成了小丁证明自己价值的唯一途径，所以每次考试前他的压力都很大，如果成绩没有达到妈妈的要求，他便会担心“妈妈是不是不爱我了”。

这样一个内心不被认可、不被尊重、不被关爱的孩子，必然会有抑郁情绪。而抑郁情绪会让一个孩子失去探索的意愿。对于学生来说，学习就是最好的探索，因此小丁只有通过逃学来减缓心理压力。

对于叛逆的孩子来说，讲大道理是行不通的。所以，家长应该适当地给孩子一些空间，以倾听为主，疏导为辅。首先，家长应该学会用心倾听孩子的想法，不随意发表自己的意见和评判；其次，家长要尊重孩子，把孩子看作是一个独立的个体，而不是家长的自我延伸，孩子应该有自己选择的权利，因为试错是解决问题、获得知识的有效方法；最后，家长要看到孩子除了学习成绩以外的价值，这样才能帮助孩子走出学习成绩带给他的自卑感，应该告诉孩子“人生不只有成绩，还有生活和梦想”，帮助孩子找到当前阶段的首要目标，合理安排时间和规划生活，建立起良好的成长环境。这才是化解叛逆问题的根源所在。

负向三角：
自己、过去与未来

我们期望，无论是过去，还是现在，或是未来，自己都能生活得很幸福，然而世事常不如人愿。有的人对过去很满意、很知足，却对未来感到迷茫和焦虑；有的人对过去充满怨恨，却对未来充满希望。那些对过去和未来有着各种情绪的人，往往忽视了现在的自己。情绪不只存在于现在，同时也映射着过去，影响着未来，这是一个三角形，互相影响，互相牵制。

那么，对于现在的青少年来说，儿童时期的经历和对未来成人世界的幻想会对他们有什么影响呢?

过去，总是有着致命的吸引力，不管是美好的，还是糟糕的。

美好的过去可以成为孩子成长路上的垫脚石；糟糕的过去会成为孩子成长路上的绊脚石。如果孩子的过去是不愉快的，他却执着于过去不肯忘怀，就会被强烈的不满和悔恨牢牢地束缚，随后会因积压的负面情绪对现在失去信心，抑郁、沮丧也将一直围绕着他。

关于沉迷于过去，有这样一个故事：

某天上午，一个商人去深山拜访一位智者，请他为自己答疑解惑，指点迷津。他向智者说了很多自己的遭遇，包括因为自己的失误使店铺遭受了巨大的损失，最得力的助手因为老家有急事请假了，现在的他分身乏术，前段时间他还生了一场大病，等等。他悔不当初，也十分担心未来。

智者一直耐心地听着他诉苦，他说完后，问他：“你吃过早餐了吗？”商人一愣，不知道智者为什么突然问他吃没吃早餐，但还是如实地回答吃过了。

智者接着问：“餐具都洗干净了吗？”

商人接着回答：“都洗干净了。”

智者接着问："那洗过的餐具都晾干了吗？"

"晾干了。"商人回答完，很疑惑地问，"您怎么总问我这些无关紧要的事情呢？请您给我刚才的问题一个答案吧！"

智者微微一笑说："你的问题，你自己已经回答过了。"而后智者起身送客。

又过了几天，那个商人终于醒悟，来向智者表达感谢。

智者点拨他："你若对昨天的事念念不忘，后悔不已，就会被困在其中，无休无止。"

美国心理学家菲利普·津巴多曾在他的《时间心理学》一书中说过："我们不能总是沉湎于过去。"其实人之所以会沉溺于过去，是因为在逃避超出自身控制的事情，不愿意承认受到伤害的事实，不愿意面对犯了错误的自己。那些原本已经过去的事情，却成了沉重的枷锁，影响着此刻的生活。

成长中的孩子，每天都在接触新鲜事物，在探索新鲜事物的过程中，他们会发现有很多事情超出了自己的能力范围，想勇敢面对却又无能为力，这种自责与挫败感会随着他们的成长而不断增加，这样就很容易使他们陷入过去的泥潭中而无法自拔。过去的生活就像一场噩梦，孩子在噩梦中挣扎、痛苦不堪，却无法苏醒，甚至会影响他们的未来。

未来，总是让人心神向往却又焦虑不已。

孩子对未来充满无限的想象，比如：我现在读书很痛苦，等毕业就好了；我总是被大人管着，等我长大就好了；爸爸妈妈总是说我一无是处，等上了大学，我离开家就好了；我现在很孤独，很不开心，等爸妈不忙时，能陪我就好了……孩子总是幻想着未来可以解决一切问题。

但是结局常常并不那么美好，很多时候，孩子之所以会有抑郁情绪，就是因为想象中的未来是如此美好，而此刻的现状却那么糟糕，未来的期望与现实的距离太过遥远。这令他们倍感焦虑，他们认识到自己可能无法实现期望时，会更加惶恐，转而制订更难以实现的目标来安慰自己不安的心，不知不觉间就让未来窃取了当下。

有一本书中说："人的一生，包括三部分，过去的是一场梦，未来的是一场希望，而现在是一场生活。"从儿童到少年再到成年，孩子承担的责任越来越多，他们活在当下时，面对的是琐碎的生活，还有学习任务、学习成绩、人际关系等带来的心理压力，很多时候孩子会因为感到有压力而不敢正视自己，选择时时刻刻沉浸在美好的过去和幻想出的未来中。这种做法会让已经过去的伤疤被重新揭开，让幻影变成现实，这反而让人感到更加焦虑，进而更加抑郁。

其实，我们可以引导孩子改变对过去的看法、对未来的设想以及对现在的感受，将他们的情绪引向积极，用积极的态度弱化那些让他们感到痛苦的事情。我们还可以让孩子知道，他是自己内心世界的造物主，每一次兴起的念头都是在内心世界造物，应该尝试着把自己的内心塑造成一个充满阳光的世界，继而走出真实的每一步，努力创造美好的未来！

从“抑郁情绪”到“抑郁症”的距离

谈起抑郁，大家似乎都有自己的观点，毕竟抑郁是每个人都感受到的一种情绪。很多人会怀疑自己是不是已经得了抑郁症，“我和最好的朋友闹掰了，我好难过，特别想大哭一场，我好像变成了一条感受不到快乐的咸鱼，我是不是得抑郁症了？”他们往往把自己的“病情”想得很严重，莫名恐慌，自己吓自己，或者杞人忧天，害怕自己久郁成疾，早晚会演变成抑郁症。

事实上，大多数人所感受到的是正常范围内的抑郁情绪，真正得抑郁症的人并不多。区分抑郁情绪和抑郁症最简单的方法就是：假如孩子期末考试成绩不理想，一回到家就唉声叹气、把自己关在房间里不想和父母说话，但是看到家长没有批评他，还做了他最爱吃的饭菜时，他感觉心里好受多了，也有了食欲，这就是抑郁情绪；但如果连家长的安慰和好吃的饭菜都不能让他露出一点儿笑容，如果以前让他感到开心的事物他都不为所动，他很有可能得了抑郁症。

那么，“抑郁情绪”到“抑郁症”的距离要怎么衡量呢？

大多数的人在一生中的某些时候是会感到抑郁的，比如遇到外界刺激和内在压力，刚才还是晴空万里突然下起了瓢泼大雨，新转入的学校整体环境不如原来的学校，爸妈又开始为那些鸡毛蒜皮的小事吵架了，最好的朋友在别人面前说他坏话，他本来以为这次能考满分结果只考了85分，他第五次竞选班长又落选了……在心智不成熟的孩子身上，情绪表现得更加明显。灰心、自卑、沮丧，甚至绝望，都是他们对外界刺激和内部压力做出的正常反应，这些反应可能会持续很多天才能慢慢消失，也可能很快就会消失。而当低落的情绪持续很久仍不能自行缓解，变成亚健康的抑郁状态，并开始严重影响正常的生活、学习、家庭等时，往往就是抑郁症的征兆。

抑郁症是一种身心疾病，它是由心理或者潜意识引起的，往往在不知不觉间出现症状，然后慢慢恶化。抑郁情绪可以延续数周、数月，甚至数年，直至渗入情感与人格中，反常情绪逐渐变成常态身体机能（厌食、萎靡、失眠等），继而身体又影响心理状态。也就是说，身体机能发生明显改变时，通常预示着孩子可能得了抑郁症，这需要家长细心观察。

孩子经历痛苦的时候是什么样的？表现很多，也因人而异。

孩子可能会表现出情绪低落、不想动、对任何事都提不起兴趣、不想吃饭等状况。当他的身体习惯了低落，习惯了对任何事情都不感兴趣之后，他想走出这种状态，心里渴望阳光、乐观的时候，他会发现已经控制不了自己的身体了——身体变得易疲乏，做喜欢的事情也会感到有心无力。

心理承受能力差的孩子平常就爱胡思乱想、喜欢把问题放大、太过于追求完美等，当他将要面临一些重要的活动（比如演讲、辩论比赛、才艺考级等）时，他希望能够做到完美，于是就会出现恐惧、心慌、手脚冰凉、言语行为慌乱等表现，导致发挥失常。

被抑郁情绪困扰的孩子，在今后的日子里会一遍又一遍地

重复这些痛苦和恐惧。挫败经历带来负面感受，负面感受又会引发再次挫败的经历，如此恶性循环。比如，有的孩子对社交感到恐惧，不是因为他们不愿意去社交，相反，他们比任何人都渴望拥有朋友。只不过，他们过于追求完美，总是担心自己做得不够好，于是这种想法一直在心里重复，不断加深社交恐惧。久而久之，他们就会习惯这种恐惧，不愿意出门，不愿意与人交流。

由此可见，抑郁症的本质其实就是一种身体惯性，这种惯性是对过去的某段痛苦的记忆或者对未来的某种恐惧进行反复强化之后形成的。身体重复着过去的痛苦或者对未来的恐惧，而已经习惯了抑郁状态的身体再次影响人的意识，一点点地摧毁着仅存的那些正面意识，这些意识的力量甚微，已经无法再轻易改变身体、使之恢复正常了。简言之，意识影响着身体，身体习惯后再来控制意识，但意识已经无法改变身体。这就是抑郁症的形成过程，也是从抑郁情绪转化为抑郁症的心路历程。

需要明确的是，尽管抑郁情绪和抑郁症令人避之不及，但情绪是生活中不可或缺的“颜色”，我们很难想象一个没有喜怒哀乐的人会是什么样子。假如有人说：“我只要自信不要自卑，只要平静不要愤怒，只要快乐不要抑郁。”那么，这个人该如何成长呢？稍有生活阅历的人听到这句话会哭笑不得吧！

因此，我们常说的预防抑郁症并不是要彻底消除抑郁情绪，而是当抑郁情绪像暴风雨一样向孩子袭来的时候，家长要多关注孩子的情绪问题，引导他们有效地管理情绪，避免抑郁情绪悄悄蚕食孩子的灵魂和身体。

第二章

情绪色彩：抑郁其实并不是灰色

有很多因素导致孩子产生抑郁情绪。同样表情淡漠、与世无争的脸，有的孩子是因为孤独，有的孩子是因为自卑。同样，即便是相似的抑郁情绪，也会呈现出不同的表现方式，展现出不同的情绪色彩。孩子的情绪往往比成年人更加复杂、敏感、脆弱。

家长们必须由表及里地关注导致孩子产生抑郁情绪的原因，找到根源，才能对症下药，从而帮助孩子顺利成长。

透明色：
天性敏感的“玻璃心”——“为什么所有人都针对我”

早在2003年，《科技日报》就曾报道过，“中国心理学会对全国22个省市的调查结果显示，约13%的青少年存在明显的心理和行为问题，其中部分人的情绪问题、人际关系紧张问题十分突出；与此同时，16%的青少年不同程度地表现出焦虑、强迫、抑郁等症状。据有关部门统计，目前全国有3000万青少年处于心理亚健康状态。”而这个数字还在逐年上升。另外，中华网也报道过，在近年来青少年死亡的案例中，心理问题导致的自杀事件已经超过了天灾人祸、疾病等，这样的统计结果让人非常震惊。有网友用“玻璃心”来形容这些内心太过敏感脆弱、对挫折承受力差的青少年。

一触即破、非常容易受到打击和伤害的脆弱心理是“玻璃心”的特点。有“玻璃心”的孩子，不仅内心感情如同玻璃一般不堪一击，而且他们也像生活在玻璃制成的透明保护罩中一般，就算是轻微的外界打击，也会在玻璃保护罩上留下裂痕，他们习惯于透过这些裂痕去看世界、看别人。他们在一个对内没有安全感、对外没有信任感的精神世界中艰难地生存着。

许多家长会有这样的苦恼：孩子外表高傲却内心脆弱，个性张扬却敏感多疑，当没有人主动找他玩时，他会觉得别人在孤立他、针对他、不喜欢他，整个人闷闷不乐，如果别人来找他，他又会表现得扭扭捏捏，说别人太无趣，不予理会，最终依然让自己形单影只；孩子好胜心很强，只接受成功，承受能力却很低，无法面对失败，在遇到困难时，他们不知道该怎么克服；孩子的思想偏激又脆弱，他们只能听进去赞美的话，听不了一点儿反对意见，甚至一句无关痛痒的玩笑，他们都会觉得是别人在针对自己，经不起一点儿批评和质疑；有的孩子遇到糟糕的事情，甚至会做出极端的举动。

“玻璃心”是无缘无故形成的吗？“玻璃心”其实属于一种社交障碍，而孩子存在社交障碍的主要原因是不够自信，

探究其中的原因，与家庭成长背景密切相关，大部分的问题还是归结于父母。只有“不及格”的父母，没有“不及格”的孩子。过分溺爱、百般骄纵是形成这种心理的最直接原因。现在的孩子大多数是独生子女，生活条件优越，从小到大被家长呵护备至，很容易因此变得以自我为中心，不但争强好胜，而且心胸狭隘。

观察一下，你家孩子有没有在你拥抱别的孩子或者用别的方式对其他孩子示好时，表现出嫉妒和攀比？在你表扬其他孩子某方面乖巧懂事而没有夸赞他时，他会表现出愤怒？我们虽然没有直接伤害他们，但在不经意间，却已经在他们的“玻璃心”上划上了道道伤痕。

如果孩子太过“玻璃心”，不仅会给自己和身边人带来很大的苦恼，也会给孩子的成长带来极大的伤害。这种“玻璃心”并不会随着年龄的增长消失，除非社会和家庭进行正确的引导。如果想让孩子成为积极向上、健康阳光的人，家长需要有意识地对孩子进行挫折教育。什么是挫折教育？就是不要太过度庇护孩子，让他在成长过程中积极面对挫折，从而激发他的潜能，在挫折中锻炼意志。当孩子提出一些要求时，父母应该保持理智，不要因为心疼孩子，就事事满足他们，从而锻炼他们抗挫折的能力。

当然了，在改善孩子“玻璃心”的过程中，父母应当时刻关注孩子的情绪变化，一旦他在挫折教育中感到有挫败感、产生消极的想法，要及时与他沟通，引导他积极面对挫折，让孩子在挫折教育中，潜移默化地获得承受挫折的能力。

白色：
习得性无助的孤独——“谁也帮不了我”

前段时间我在知乎上看到过这样一个话题：和父母相处的哪个瞬间让你感到孤独？下面有一个匿名用户写道：“跟父母相处时最孤独的时刻，大抵就是，他们关心你的衣食住行，细致入微到一切琐碎的日常生活，却从未试图去理解你最真实的想法，走进你的内心。”这个回答下面居然有近万个赞，我点开评论，看到满屏的“同感！”

大多数父母习惯于用自己的眼光看待孩子。当孩子因为身体不舒服想请假不上学时，家长会下意识地认为孩子是故意偷懒：“你是什么人我还不清楚？你是不是因为不想学习才装病？你怎么就不能学学邻居家的孩子？你都这么大了，怎么还这么不懂事？”这应该是一些父母经常挂在嘴边的话。虽然不是所有的父母都这样，但我们无法否认，很多孩子曾在成长过程中听到过这些伤人的话，并且在成年后依旧无法躲开这些言语带来的伤害。

曾经有一个被父母照顾得无微不至却无比孤独的孩子对我说：“我把想说的话告诉他们，可他们不相信我；我向他们求助，他们却认为我矫情；我把秘密告诉他们，可他们却出卖我；我太想逃离那个家了，他们谁都帮不了我。”

事情的起因是一次普通的月考，月考中有一道词语解释的难题，据出题的老师说，那道题不是初中生可以做出来的。于是，他们班做出来的两个女生就有了作弊的嫌疑，而她就是其中一个，随后她们同时被老师叫去了办公室。她说那个词她在课外资料上恰好看到过，于是就记住了；另外一个女生说可能是运气好，恰好蒙对了。可是无论她们怎么解释，老师都认定她们作弊，并因为她们拒不认错，要求叫家长。她们感觉既委屈又害怕，哭着走出了办公室。

这件事情本该请完家长、被妈妈说几句就结束了，可她没想到，妈妈把她在家说的不喜欢班主任的那些话也告诉了班主任，导致后来她被班主任冷嘲热讽了一番。她问妈妈为什么把这些话告诉老师，妈妈说："是你说的不喜欢这个老师，我是为了让老师以后多关心你一些。"妈妈没有帮她保守秘密，不顾及她的自尊，她感觉遭到了背叛。同学们纷纷用自己被父母"出卖"的经历安慰她，有一个同学以过来人的身份告诉她："能什么话都和他们说吗？不能，他们非但不会帮你保密，还会站在你的对立面，和别人一起把你当个笑话。"后来，她变成了不再与父母谈心的孩子，因为本能地不再相信他们会理解自己的苦衷、为自己保守秘密。

很多中国家庭中有一种奇怪的现象：当孩子在外面被欺负了，家长总是第一时间数落自己的孩子。孩子在外面受了委屈，回家后还要被家长责骂，家长不仅没有安慰和保护孩子，反而不理解也不信任孩子。小孩子的事情在大人眼里可能很小，但对他们自己来说这件事很大。正是家长这种不恰当的处理方式，让孩子对家庭、对家长的信任感一点点流失，导致孩子的习得性无助。

父母对孩子的种种行为，导致孩子逐渐形成刻板的思维模式和认知态度。他们需要帮助的时候，认为父母不会理解自己，也不会相信自己，觉得无论自己怎样求助都无济于事；还会认为父母不值得信赖，便会慢慢关闭自己的心门，最后变得消极执拗；感觉谁都不会真心实意地帮助自己，宁愿什么事都选择独自承担，哪怕会受伤，也不愿承受来自父母的二次伤害。这种感觉就像孩子的世界曾经是一幅色彩饱满的画，在一次次被破坏后，画面逐渐褪色，直至变成了一张白纸，孩子逐渐习惯了它的苍白和干净，开始拒绝别人在上面涂鸦。

我曾经看过一部电影，其中有这样一句台词：“我们花一辈子的时间，等待父母给我们道歉，他们花一辈子的时间等待我们说谢谢，而我们都得不到想要的。”父母应该尽早发现孩子的孤独，尽力成为孩子值得信赖的朋友，因为孩子只有在感觉到父母的信任后，才愿意敞开心扉与我们进行深入交流；只有建立了互相信任的沟通模式，让孩子知道他并不是孤军奋战，而是有家长在为他们的成长保驾护航时，才有助于解决孩子的心理问题。

蓝色：
无能为力泛滥——“我做什么都没有用”

有一种孩子的抑郁情绪是“不知道应该怎么去做，对现在感到无能为力，对未来感到迷茫”，于是他们便自我否定、自我放弃。

上周日，朋友因为临时有急事，托我帮忙照看她的女儿诺诺。电视上正播放着《家有儿女》的视频片段：家里的三个孩子吃零食，桌子上全是各种零食袋子，一片狼藉，妈妈刘梅下班回到家，打开门看到刘星拿着垃圾桶正要收拾，便认为是他把家里弄成了这样，就把刘星痛批了一顿。刘星准备解释时，看到妈妈对小雪的态度完全相反，觉得特别不公平，却仍旧隐忍着放弃了解释。

我问诺诺："如果你是刘星，你会主动去找妈妈解释吗？"她歪着头想了下说："我不会去找她沟通，因为说了也没用，妈妈根本就不会相信刘星。"诺诺似乎把自己带入了刘星的情绪中去思考这个问题，从那句"说了也没用"的坚定中，我感受到两个孩子的强烈共鸣，于是我开始思考：是什么让孩子面对误会时选择了默不作声，不为自己的无辜发声，放弃捍卫自己的权益？

诺诺的回答，也让我想起了去年旅游途中发生的一件事：我在酒店大厅的沙发上百无聊赖地坐着，等朋友下来一起出去玩。这时坐在我对面的母子三人引起了我的注意：妈妈给哥哥和弟弟一人一块蛋糕，弟弟看到哥哥的蛋糕颜色更鲜艳，非要换，二话不说就上手去抢，哥哥把蛋糕朝自己那边挪了挪，但弟弟依旧不放弃，甚至用力过猛，把哥哥的蛋糕弄翻在地。妈妈看到这一幕，立刻朝哥哥吼道："你要是刚才和弟弟换蛋糕不就没事了吗！现在好了吧，吃也吃不成了。你弟弟年纪小，还不懂事，你让着他一点儿不行吗？你都十二岁了，连照顾弟弟这种事你都做不好，不如你做弟弟、他做哥哥好了！”我看到哥哥的眼睛里有泪水在闪烁，但他什么也没说，只是默默蹲下，用纸巾擦拭着散落在地上的蛋糕。

回想起那个男孩面对妈妈的责骂时的反应，我忽然觉得很难过、很心痛。妈妈说他不懂事，但我却觉得这个男孩懂事得让人心疼，在他的身上我看到了一种“终究是我一个人扛下了所有”的无力感。到底是什么让孩子在充满希望与叛逆的年纪里，学会了否定自己的想法和行为，觉得“说了也没用，不如沉默，不如接受”呢？

其实他们原本是想把事情做好的，却被困难困住了脚步，这些困难是来自外界的实际困难，也是来自家长的心理阻碍——“你怎么这点儿小事也做不好！”可能孩子曾经鼓足勇气想沟通、想努力改变时，却被家长一个不耐烦的眼神、一句“你就是干啥啥不行”的话打击了，他们感觉自己做什么都成

事不足败事有余，不断地否定自己——“我果真是这样没用的孩子呀，竟然连这点儿小事都做不好。”

他们备受打击之后，从“失败”中得出结论：我无论怎么努力，都不可能改变别人的看法，改变不了别人对我的固有印象，甚至还会因此引发别人的指责和批评，那我为什么要去沟通？为什么要经历二次伤害？还是什么都不要说了，至少时间会淡化那些伤痛。他们渐渐地感到疲乏，失去梦想，随波逐流。

这种思维模式，让孩子在与人交往时，因怕被苛责而没有勇气尝试，养成了遇事逃避的习惯。长大后，这种习惯也会衍生出更多不良的人际交往方式，比如孩子只会一味地接纳别人、迎合别人，而不敢表达自己的不同看法，选择三缄其口，或是在表达时畏首畏尾，导致问题更加难以解决。

其实，对孩子而言，最残忍的不是被批评，而是被认定为“你想的一切都幼稚可笑，你说的一切都徒劳无功，你做的一切都没有价值”。无论是孩子还是家长，价值感都是幸福感的来源之一。一旦孩子被有意或者无意地贴上“无价值”的标签，又怎么会觉得快乐与幸福呢？人们都说，在孩子身上都能看到父母的影子，这就是原生家庭对孩子的影响，无形却深刻！

给予孩子足够的认可、支持和鼓励，让孩子学会接纳自我，是每一个家长的责任，只需要和已经存在的爱联结起来，我们便可以让孩子重新获取乐观和积极的力量，战胜一切不开心。

红色：
完美主义的自虐——“我忍受不了瑕疵”

我们先来做一个小测试：在做一件事之前，孩子是否总有“要么不做，要么就做到最好”的想法？他是否总因为别人的批评而难过好久？他是否总在别人看不到的细节上不断完善？即使他在别人眼中已经很优秀，他是不是依然觉得自己不够好？如果回答全部是“是”，那么孩子很可能就是一个完美主义者。

在訾非和马敏共同创作的《完美主义研究》中写道：作为一种重要的人格特质，完美主义主要体现为，在认知上，将完美和不完美当成主要的判断依据；在动机上，压倒性地逃避“不完美感”以及寻求“完美感”，以牺牲幸福感和做事效率为代价的一种心理模式。

同时，学界把完美主义也清晰地划分为积极完美主义和消极完美主义两种形式。

积极完美主义是正面地追求完美，体现在给自己制订高目标，追求做事要有条理。积极完美主义可以有效地增强个人的自我约束能力，还可以使人掌握自我管理的方法；可以加强个人的韧劲和耐力，也可以鞭策他人持之以恒，还可以提升生活质量，令人得到幸福感。然而，凡事都有两面性。积极完美主义有时也会给人带来过大的压力，从而带来消极影响。

消极完美主义是过多地关注不完美，通常因为人们过分追求完美主义，而害怕做得不够好，太过担心细节出现错误，过度关注别人以及社会对自己的认知和评价。

积极完美主义者的关注点是：我在做这件事时，是否全神贯注、细心认真？是否做到了精益求精？消极完美主义者的关注点则是：我在做这件事时，是否出现遗漏、纰漏、失误？结果是否不尽如人意或事倍功半？消极完美主义会消减自尊心，增加抑郁情绪，甚至引发社交恐惧、社交焦虑等症状，还会激发拖延症，造成人格障碍。有研究表明，消极完美主义是各种心理疾病的诱因，严重的甚至会给生理造成影响。

最近一位妈妈向大家求助，请大家帮忙找出使她儿子歇斯底里地发怒的原因。

那天她的老公陪着儿子搭建乐高警车，整整用了两个多小时才搭建完成。她的儿子小心翼翼地把玩着警车，她的老公去厨房喝水，回来的时候，恰好看到儿子在打开警车的车门，由于车门扣得有点儿紧，她儿子一不小心，车门周围的几个零件被儿子拔了下来。这时她的老公随口说了句：“刚搭好的怎么给弄坏了？”

可令他没想到的是，儿子听到后，情绪突然就失控了。他先是使劲掰另一面的车门，掰不掉就索性把整个车朝地上摔去，然后跪在地上开始崩溃大哭。她的老公马上把儿子抱起来，还没站稳，儿子就转身开始用头撞击墙面，边撞边喊。她的老公见状暴怒：“你在干什么？”然后他拽着孩子的胳膊，一把将孩子拖到了一边，开始吼道：“哭什么哭，不准哭。”

他甚至扬起手作势要打孩子。还好这位妈妈听到儿子的喊叫，马上上前制止了老公，随后抱着孩子开始哄，但是儿子的喊叫远大于哭泣，就好像心里被什么东西压着喘不过气一样。她的老公默默地把警车重新组装好，放到儿子面前，可是并不起作用。儿子不但没有停止哭喊，反倒哭喊得更加厉害。最后，他估计是喊累了，才在妈妈的怀中睡了过去。

这个小男孩就是标准的完美主义者。完美主义者的心态就是“要么不做，要做就做到最好”，他们要求自己做事必须十全十美，不能有丝毫差错。这样的心态常常让他们以为，没有什么是自己不会的、是自己做不成的。他们的字典里似乎不存在“不”这个字，以至于在自己难以胜任的事情上也过分追求完美，一旦达不到自己的预期目标，就会将“瑕疵”和“失败”画等号，甚至会产生自虐倾向。这些“瑕疵”让他们的精神世界如临大敌，仿佛在意识中亮起了一盏盏红色报警灯，令人惶惶不可终日。由此可见，在某一方面越有抱负、越认真、越努力的人，越容易受到抑郁症的困扰。

追求完美不一定能带来完美。家长不要让孩子因为完美主义而对失败产生恐惧、对自我价值产生怀疑，要让他们学会接纳全部的自己，适当地放过自己。父母要多跟孩子交流沟通，不要给他们施加太多的压力，要让孩子知道“不管他的身上有多少缺点、经历了多少次失败，父母都会无条件地爱他、支持他”，那么孩子就不会这样刻意追求完美、让自己背负更大的精神负担了。

黄色：
自我批评的毒害——“一切都是我的错”

人们通常认为，是成就感让他们感到幸福，其实决定人们幸福的是自己对自己的评价。没有人一出生就知道如何自我批评，如何自我攻击，我们面对别人的期望时，通常会努力去满足他们的期望，希望获得赞许和关注，但对方却不断对我们进行心理暗示——“你错了”“你怎么就做不到呢”“这么简单你都不会”，而后我们会与外界评价保持一致——自我批评与自我攻击。

作为知乎的深度用户，我曾看见过一个网友的自述：我拿着存了几个月的零花钱买了一个按摩器，包了一层又一层，我想象着我妈收到这个礼物会有多高兴，却败给了竞赛成绩第一名的邻居家的孩子。我妈却说：“你看看人家，总是考第一名，你怎么就是考不好？”我很想和我妈说：“今天是母亲节，能不说这些话吗？”

中国父母普遍不善于表达爱意，通常会用攻击性的语言去鞭策孩子成长，最常说的话就是“别人都可以，你怎么就不行呢？”而孩子在成长的过程中也会用攻击的办法不断“激励”自己。结果呢？孩子明明很努力地去争取第一名，可是越想得到，就越得不到，每当临近考试时，他们的耳边就会有声音在说：“你很笨，你做不到，你一定会失败。”这是因为，在一次次地被指责之后，他们接受了这种设定，然后把“你很笨，你做不到，你一定会失败”的外界攻击延续，转化为内在的自我批评，最终认为“他们说得对，一切都是我的错，是我导致了全局的失败”。

自我批评其实也是一种带有自我欺骗性质的防御机制，孩子在面对自己的失败和过错时会感到不安，担心受到指责，所以在别人批评他们之前，就抢先一步进行自我批评——“都是我的错，我是全世界最糟糕的人”。贬低自己，降低自己在别人心中的期待值，这么做的好处是：即使事情没做好，自己也不会太难过，因为“反正我确实没有能力做好这件事，这个结果是合情合理的”；就算被别人指责，也能降低内心受伤的风险，因为“他们说得没错，我无力反驳这些话，甚至想用同样的话批评自己”。就这样，孩子活生生地把自己“撕裂”开，分成两个人：一个是指责的自己，一个是被指责的自己。一旦有事情发生，这“两个人”就会上演一场指责与承受的戏码，他的世界里永远只有自己是错的。

之前我和朋友一起玩过一个游戏，名叫“知己知彼”。游戏规则是：大家坐在一起，轮流写每个人的优点，然后被写的人要猜大家都写了什么，如果猜错就会受到惩罚。说到底，这个游戏就是一个大型的夸赞现场，不仅能让大家找到自己的闪光点，而且可以对自己有一个崭新的认识。但也有一部分人拒绝参加这个游戏，他们觉得自己什么都做不好，根本没有优点可言，若是别人写不出来自己的优点，场面会非常尴尬，所以干脆不参加。这部分人有一个共同特点，那就是极度不自信，并且喜欢通过自我批评的方式来保护自己的自尊心。

一个人的内心语言，可以成为这个人的强大助力。很多孩子从小就被要求要多做自我批评，这种行为被当成一种美德。孩子适当地进行自我批评，可以让他学会遇到问题时先找自身原因、学会换位思考，可是过度的自我批评会适得其反，如果孩子总是习惯对自己做出负面评价，这些自我批评非但不能让他们正确地找到问题所在，还会潜移默化地自我否定，使其丧失信心，产生恐惧心理，徒增心理压力，从而导致事情还没发生，他们就已经在悲观地否定自己、预判结局了。

王小波说过：“人一切的痛苦，本质上都是对自己无能的愤怒。”自我批评的内心语言如同一个个黄色警示牌，警告孩子“前方危险、此路不通”，这势必会成为孩子成长道路上最大的障碍，为他们带来更多的精神上的痛苦感。

我们应该教会孩子，适当地进行自我批评，勇敢地接纳自己。研究表明，尽管自我批评与自我接纳有异曲同工之处，都是清楚地认识到自己的缺点和不足，但与自我批评明显不同的是，接纳自己的人不会降低对自己的期望和要求，他们能更加理性客观地看待整件事，会自我审视，也会审时度势，即使犯错，也愿意承担相应的责任。

孩子现在可能暂时无法做到接纳自己的全部，所以，家长要关注孩子的情绪，发现孩子出现频繁的自我否定与自我批评的时候，要让孩子马上停下来，让孩子试着理解自己、谅解自己，成为自己的朋友。

第三章

爱的教育：为久闭的心窗，投下温暖的光芒

如果孩子没有从父母那里得到足够的爱，就会产生极大的不安全感，陷入自我怀疑、自我否定、自我批评的泥潭；如果孩子从父母那里获得了超出自身需求的爱，也会产生极大的压迫感，在接受与拒绝的矛盾状态里逐渐迷失自我。不管是哪种情况，时间一长，他们最终都会关闭自己的心门，宁愿在精神世界里被孤独折磨，也不愿意接受家长的拯救。

父母想做好真正的爱的教育，必须学会在孩子身上花足够多的时间去表达自己的爱意，同时也要注意避免出现过犹不及的情况。

对光极度渴望的孩子

黑夜总是代表着寒冷和恐惧，每当夜晚来临，人们的心情就会沉重、孤独，而当太阳重新升起，人们又会感觉神清气爽、明媚温暖。孩子之所以被抑郁情绪所困、找不到出路，往往是因为他们既看不到前方的光，也找不到隐藏在内心的光。只要想办法把孩子心中的那盏灯点亮，黑暗就会远离他们的心灵。

有一个离家出走的男孩找心理医生咨询。他说自己自幼家境贫寒，因为生活拮据，父母长年累月地为钱的事情争吵不断，又因为没有遵守优生优育政策，家里多了弟弟和妹妹，所以他高中毕业后就开始打工，想尽一切办法赚钱贴补家用。往日，贫穷的生活和父母无休止的争吵，让他整日透不过气，感觉恐惧和孤独；现在，整日的忙碌奔波和埋头苦干，又导致他的身边没有一个可以谈心的朋友，生活中没有快乐。他想到未知的将来，心中有说不出的忧虑，他感觉自己一直生活在一片黑暗之中，始终看不到光明。

心理医生认真地听完他的讲述后，让他闭上了眼，对他说：“如果有机会让你成为一种动物，你希望是哪种动物？”

“我想做海里的一条鱼。”这个男孩淡淡地笑着说道。

医生说道：“那么，现在我们就设想一下，你已经游到了大海深处，你很快乐，大海是你的家。你慢慢地长大了，然后离开了大海，开始四处寻找其他水源。你每天不知疲倦地寻找着，而其他鱼在家里自在又快乐地生活着，有时你很伤心，追问自己为什么要选择离开家，独自承担这一切。直到今天，你收到了一封妈妈写来的信：‘孩子，爸爸妈妈很想念你，我们知道你在外面努力打拼是为了让我们过更好的日子。但是，孩子，你不开心，我们又怎么可能开心呢？你不需要背负全家的重担，你从阴影里挣脱出来吧，去过属于你自己的快乐生活，快跟上朋友的脚步，美好的未来正在向你招手！’”

男孩听到这里，已经泪流满面，他的脸上充满了委屈和从未有过的释然，此刻，他的心里有了光。

光明和美好都是客观存在的。很多时候家长可能意识不到孩子对光的渴望，那是因为我们没有睁开双眼去看，没有敞开心扉去体会。有一句话说，人总要学着自己成长。所以一些家长便认为，孩子自己的事情都应该由他们自己解决，这样孩子才能成长。所以他们打着尊重孩子的旗号，不去干涉孩子情绪上发生的改变，只关注那些外在的表现。这导致一部分被散养的孩子在精神层面上得不到身边最亲密的人的关注与爱护，他们孤独、迷茫又痛苦地在自我的世界里挣扎。这也是导致抑郁情绪出现的一个很重要的因素。

我们所能触及的每一件事物都有它的另一面，大部分情况下，你要寻求什么，你就会见到什么。你躲在阴影里，就很难看到阳光；心情抑郁的时候，也找不到开心的理由；反之，心情愉快的时候，就算周围一片嘈杂，也会把它看成热闹繁荣的景象。如果孩子一味地沉浸在黑暗里，那么只会越来越难走出黑暗的牢笼。

正如马丁·路德·金说的那样，“黑暗不能驱走黑暗，只有光明才能做到，仇恨不能驱走仇恨，只有爱心才能做到。”我们如何才能满足孩子对光的渴望、帮助孩子战胜黑暗的侵蚀呢？

一方面，我们要察觉到孩子渴望的光，并理解这道光的意义。孩子渴望的光，并不是指他们能够置身其中的氛围或者是环境，而是他们内心当中为之坚持的方向，也可以说是一种向阳的信仰，也是他们唯一能够用来对抗黑暗的武器。

另一方面，我们要试着用足够真诚的爱与关注让孩子可以在漆黑的夜里为自己点一盏灯。当人类遇到威胁时，大脑中原始的哺乳动物照料系统就会发挥作用。什么是哺乳动物照料系统呢？简而言之，就是动物还是幼崽时，因为太过脆弱，需要很长一段时间才能慢慢适应生存环境，这个系统会促使成年的哺乳动物去照顾幼崽，为幼崽提供安全保障，同时也提醒幼崽只有依赖父母才能安全。也就是说，孩子在面对威胁与困难时，父母的关怀和温暖的陪伴可以消除孩子的恐惧，让他们感到安全。

虽然这盏由“关怀与陪伴”点燃的灯暂时只能散发着微弱的光，不足以驱散周边所有的黑暗，但有光的地方就有希望，这盏灯、这束光会促使孩子有意识地主动驱散如同黑暗一样包围着他的抑郁情绪。任何艰难时刻，只要这盏灯还在，他们就会心存希望、勇敢前行。

三把钥匙：
让孩子重新打开关上的门

越来越多的研究发现，坦诚并且持续地和青少年保持沟通，对他们的心理健康是至关重要的。同样，能够把自己的日常想法和内心感受主动告诉父母的青少年，也不太容易产生抑郁情绪，并且不太可能有自我封闭的行为。曾经有一位教育家说过：“父母教育孩子的最基本形式，就是与孩子谈话。我深信世界上好的教育，是在和父母的谈话中不知不觉地获得的。”

然而，有时候并不是家长愿意交流，孩子就愿意回应。很多家长在和孩子相处的时候，经常会出现自己明明是关心孩子，可孩子却不领情，想和孩子说些知心话，却发现孩子心不在焉等情况。

想让孩子重新打开关上的心门，让他对我们敞开心扉，并不是一件简单的事情。人类最普遍的感受就是生活中的焦虑、孤独、担忧，同时，我们对爱又十分渴望。正是这些脆弱和需要相互交织，让父母和孩子紧密相连。真正的沟通，要从孩子的脆弱之处切入，从心开始，打造出三把钥匙。

第一把钥匙是了解孩子的心理变化。

随着年龄的增长，孩子会选择性地与父母沟通，并不是所有正确的教育他都会欣然接受。很多父母可能不知道，孩子在10岁以前对父母会有一种崇拜情结，弱小又无知的他们会把爸爸妈妈视为无所不能的“英雄”；孩子长到10～20岁的时候，就迎来了青春期，这个时期他们会把父母当作处处与自己作对的假想敌，形成抵触情绪，把父母的关心当作束缚，甚至感觉厌烦；到了20～30岁时，他们开始渐渐地理解父母；到了30～40岁时，会顿悟父母的爱是多么珍贵。

很多人会说“每一个有问题的孩子背后肯定有一对有问题的家长”，父母在和孩子沟通时，常常会忽视不同年龄段的孩子在成长中会发生什么样的变化，比如孩子的知识储备、心理特征、生活阅历与成长背景，由此出现了代沟问题。我们也往往站在自己的角度告诉孩子应该怎么做，而很少考虑应该怎样说孩子才更容易接受这些建议和意见。试想，在某些方面孩子比家长知道得更多并形成了许多家长不具备的观念时，如果家长做不到平等和尊重，依然用自己的观念强制孩子接受自己的想法，那么，两代人之间又怎么能触碰到彼此的内心呢？

我们想打破孩子越来越不听父母的话、就算勉强听着也并不能理解其中道理的僵局，必须跟上孩子成长的脚步，找到与孩子的变化相吻合的沟通内容和沟通方式，如此才能顺利地走进孩子的内心。

第二把钥匙是关注孩子的情感需要。

父母如果在和孩子沟通时遇到了问题，不如静下心想一想，孩子真正的需求是什么？大多数有抑郁情绪、自我封闭的孩子其实很渴望被别人关注。那么，作为父母应该关注些什么呢？我们要关注孩子真正的情感需要，特别是关注孩子产生抑郁情绪的原因、过程和结果。

很多时候，孩子自我封闭的原因在于对自己缺乏信心，害怕与别人交往，担心被别人笑话。在被表扬和被鼓励的过程中，孩子会一点点地收获学习与生活的动力。在生活中，只要我们发现孩子身上的闪光点，就应该及时对其进行表扬和鼓励，让他感受到成功的喜悦和快乐。

例如，有一个同学，由于他长得比较矮，又比较胖，班上的同学给他取了个绰号叫“矮冬瓜”。由于比较胖，他做事情时往往会比其他同学要迟缓一些，偶尔还会闹出一些笑话。因此，他变得不爱和同学说话，也不愿主动做一些事情，后来甚至连作业都不做了，就因为害怕被嘲笑，对自己越来越没有信心。但是在课堂上他会特别积极地发言，只要老师一提出问题，他就迫不及待地举手抢先回答，每次老师都拿他作为全班同学的榜样，鼓励其他同学也能像他一样积极发言，这个时候的他表现得很自信。如果这时候有人顺势引导他、鼓励他，告诉他“你很棒”，让他试着用这样的勇气去做其他事，就是为孩子打开了一扇门，让他接受自己，相信自己。

第三把钥匙是重建亲子之间的信任感。

我认识的一些所谓的“熊孩子”，大都不会与父母敞开心扉地交谈。这些孩子为什么不愿意对父母敞开心扉呢？只有一个原因——信任度不足。所以，孩子宁愿跟伙伴分享自己内心的秘密，也不愿向父母透露一丝一毫，除非迫于家长施加的外在压力。

“我相信你”还不是真正的信任，只是一时的认同而已，深层的信任是双方的互相了解、理解、认同与共情，这需要一定的时间积累作为基础。只有孩子信任了父母，他才会打开那扇封闭的心门。

不过，重建信任感并不会花掉我们许多时间，只要在日常生活中多增加一点儿和孩子的接触，拉近一下双方的距离，慢慢地就会有效果了。比如，我们可以找准机会向孩子“虚心求教”新知识，在这样一个时代，亲子关系有时需要借助知识与信息的双向传递来加强联系，而不是靠过来人的经验传递。再比如，在孩子入睡前，我们不妨跟孩子一起躺下，有一句没一句地随意聊聊天，双方可以分享生活中的琐事，里面包含伤心、痛苦、无奈等情绪的互动，在这个过程中我们帮助孩子清理一天累积下来的“情绪垃圾”，目的是让孩子知道我们是真心在乎他每天过得是否快乐，也让他明白不管今天过得多糟糕，仍然有广阔的世界和美好的未来等待着他去创造。这种睡前沟通，也体现出了一种积极的生活态度。

让你的爱
可以被清楚看见

在孩子的人生中，父母是对自己影响最大的人。父母都希望自己的孩子越来越优秀，未来都能有好的发展。然而我们现在所做的事情都是在秉承着希望孩子越来越好的初心吗?

美国正面管教体系创始人简·尼尔森曾经对家长有过这样的提问："想让孩子变得更好，难道就要先让他感觉很糟吗？"有不少家长就是这样做的，他们希望孩子进取，希望孩子坚强，所以他们把愤怒的情绪、讽刺的语言当爱的教育，很少夸赞孩子的努力和付出，不会表达对孩子的体贴与理解。父母言行中的很多细节无意中就会对孩子产生影响，可能自己都没有察觉到，但孩子是非常敏感的，也许会因为父母的一句话、一个动作而胡思乱想，甚至心存芥蒂。

湖南卫视有一档节目叫《少年说》，我记得其中有一个女孩站在台上，大声喊道：“妈妈，我想和你坐下来好好谈谈心，可以吗？”

她是一名体育特长生，在田径和标枪两项运动上表现得很优秀。她去市里参加了两个比赛，都拿到了季军，尤其是标枪比赛，这是她拼尽全力拿到的名次。她第一时间把获奖的喜悦分享给了妈妈，希望得到妈妈的肯定和鼓励。

然而，妈妈既没有肯定她的付出，也没有认可她取得的成绩，反而苛刻地问她：“为什么没拿第一？浪费一周的时间，怎么可能不影响学习！”

女孩回到台下，妈妈告诉她：“我对你严厉，是为了激励你，希望你能变得更好。我知道你很努力，你每天那么晚才回来，妈妈怎么能不知道你辛苦呢？”

女儿说：“可是我感受不到，我只感觉到你不爱我了。”女孩还说，妈妈总是动不动就发脾气，总是吵嚷，她平时不敢跟妈妈沟通，她很羡慕别的同学可以和他们的妈妈像朋友一样相处，可以谈心。

每个人都渴望被爱，作为孩子，最渴望的就是被父母爱着。家长对孩子的爱与教育，应该用积极正面的方式表达，而非带着消极负面的情绪去斥责。

电视剧《茉莉的最后一天》中，女主角茉莉是一个乖巧懂事的孩子，但她在拿到重点大学录取通知书的时候跳楼自杀了。她的妈妈悲痛欲绝，但为了弄清楚女儿跳楼的原因，不惜接受一种还在测试阶段的新科技，可以进入茉莉的意识，读取她的记忆，体验她的感受。

重现的一幕幕画面中，我们看到了一个孩子的无声哭泣与渐渐崩溃的内心。茉莉在很努力地学习，成绩一直都很优秀，可不管她多么优秀，妈妈都会斥责她：“所有的解释都是借口，我对你没有其他要求，只有一个，就是把成绩搞好！要不是我天天督促检查，你怎么可能考得了第一名？小心下次成绩掉下去！”茉莉想选择自己喜欢的中文系，和妈妈商量时，却被妈妈骂没出息。就连茉莉关心她，让她不要太累、早点儿休息，妈妈也会说：“你不好好学习，我怎么休息？”在妈妈严苛的管教和不断的责骂中，茉莉的内心被折磨得支离破碎。

终于，在一个安静的夜晚，她决定结束自己的生命，从阳台上纵身一跃跳了下去。茉莉的妈妈在女儿的意识里，歇斯底里地哭喊着：“妈妈爱你，妈妈爱你呀！”可惜，一切都太迟了！

在现实生活中，有太多孩子正生活在父母“以爱之名，无爱之实”的苛责中。缺乏爱的教育，常常会导致不幸。一个上小学的孩子，因为数学考试中的一道口算题算错了，考了98分，屈居班级第二名，因此遭到了父母的严厉指责、辱骂，甚至罚跪、不让吃饭。第二天孩子到学校后，爬上阳台，直接跳楼自杀了。难道这个孩子的父母真的不爱他吗？这种负面的教育方式，孩子能感受到一丝一毫的爱吗？

在现实生活中，孩子们的感受常常是被否定的。比如："别人家孩子学习都那么好，再看看你。""和你说了多少遍，不要总玩手机。""你怎么见到长辈不打招呼，没礼貌。"父母只和孩子不断宣讲那些浮于表面的大道理，却避而不谈孩子的内心感受，甚至忽略、压制、攻击他们的心理需求，这对孩子来说是一种伤害。《叛逆不是孩子的错》一书中说："你可以试想一下，你的配偶、父母、领导对你大喊大叫时你的感受，你会发自内心地感激他们吗？没错，你的孩子也不会。"

美国心理学家杰弗里·伯恩斯坦曾经说过："只有爱是不够的，不表达出理解，孩子会感受不到你的爱。所以你首先要减少自己内心的负面情绪，要多看到孩子的优点和积极的一面。"孩子表现良好，我们要适当地给予鼓励和认可，告诉他们："我看到了你的努力，也愿意与你一起分享你的喜悦。"孩子表现不好，我们也要耐心地告诉他们："没关系，我知道你现在很难过，妈妈陪你一起找原因，我们共同解决问题。"

有人说："没有得到过爱的孩子将很难懂得怎么去爱

别人，因为他感受到的爱太过贫瘠，没有多余的爱可以给别人。”养育孩子首先要滋养他们的心灵。我们要与孩子进行坦诚且持续的沟通交流，永远不要吝啬于向孩子表达爱，应该让孩子直接感受到爱。孩子需要清楚地看到爱，才会相信爱，才能更从容地去爱别人，才有能力将更多的爱给予别人。一个内心充满爱的人，才能拥有完整的人格，然后在这个坚实的地基上，搭建起优质的上层建筑，在成长的路上活得更自信、更坚定、更有底气。

我们也要明白，真正的爱是行动，爱不是单纯的给予，它有多种形式，可以是赞美，也可以是拒绝；可以是鼓励，也可以是批评；可以是安慰，也可以是敦促；但都必须适当、及时、必要、有效。

一百句安慰，比不上一个拥抱温暖

在孩子受到委屈时，你通常会怎么安慰他呢？你是苦口婆心地开导他，还是有求必应地买东西？其实，这些常规做法都比不上一个温暖的拥抱有效。

孩子受到委屈时，是最需要安慰的时候，也是最听不进去话的时候，他们的潜意识会处于一种“道理我都懂，但就是做不到”的对抗状态。此时，如果家长没有关注孩子的感受，一味地开导，并不会起作用，如果开导的语气中夹杂着责备和命令，更会适得其反，导致孩子的情绪越发糟糕，孩子本想向家长倾诉的话，也会到嘴边又咽回去。

美国语言学家艾伯特·梅瑞宾在一次研究中发现：人与

人之间的沟通，是通过7%的语言和38%的音调以及55%的肢体语言进行的。肢体语言存在的意义就是为了弥补语言表达的不足，将人与人之间的距离尽可能地拉近，让感情能够迅速升华。

美国卡耐基梅隆大学的研究人员发现：孩子受到委屈时，与孩子进行身体接触的安慰效果要比语言更好。也就是说，对于孩子来说，肢体语言远比语言有力量。虽然拥抱是肢体上的接触，但也是内心靠近的表现，是最柔软、最贴近心脏、最有力量的无声语言。父母的拥抱是对孩子不良情绪的安慰，是对孩子的接纳和认可，能给孩子带来安定的情绪、甜蜜的情感和依恋。我们可以将拥抱作为一种拉近亲子间距离的方式，在安抚了孩子的情绪之后，再进一步用语言来解开孩子的心结。

小赫和其他小伙伴一起玩的时候，抢夺同一个玩具失败后，他哭着跑到妈妈身边，大哭大闹，甚至趴在地上打滚，妈妈向小赫伸出双臂说："宝贝，妈妈需要一个拥抱。"虽然小家伙依旧很生气并用一只手用力地推开妈妈的手，说着："不要！"然而，他的另一只手却偷偷地牵着妈妈的衣角，不肯放手。妈妈蹲在那里等了一会儿，再次伸出双臂，说："妈妈知道宝贝现在很生气，但是，我需要你给妈妈一个拥抱。"这时小赫虽然对妈妈的行为感觉很奇怪，但还是哭着向妈妈伸出了双臂，抱了抱妈妈，然后他突然就不哭了，情绪也渐渐地恢复了平静，没一会儿就开开心心地跑去和小伙伴们一起玩了。

通过小赫的例子，我们可以获悉：所有的正面教育方式都是为了情感联结，尊重当时的形势需要，尊重孩子的情感需求，才能产生有效的联结。孩子因为受到委屈、需要父母帮他主持公道的时候，其实父母并非一定要在第一时间去追究谁的责任、对孩子进行说教或者对一方进行偏袒，不妨试试用温暖的拥抱来安慰孩子，或许也可以轻松地解决问题。家长和孩子有足够好的身体接触、情感联结时，一些具体的问题和矛盾，可能不需要家长刻意帮他解决，孩子也有能力自己化解这种不良情绪。

当然，在这里需要强调一下，小赫的妈妈说的是"妈妈需要一个拥抱”，而不是说“来，让妈妈抱一下”，这样说，孩子才会觉得可以帮到妈妈，自己是有价值的、是被需要的。愿意为他人做出贡献，是我们每个人与生俱来的善良天性，贡献能传递温暖和安全感，更会让孩子体验到归属感、力量感以及成就感。

我们前面说到，情绪不论好坏，都来去自如，所以把握拥抱的时机就显得尤为重要。如果孩子当下太生气，情绪无法控制，或是不接受家长的拥抱，或是表现得有点儿勉强，我们应该尊重孩子，不用刻意去拥抱孩子。记住，拥抱是一种方式，而不是一种形式。这个时候，请家长耐心地等一等，孩子需要时间和空间让自己冷静下来。我们可以对孩子说：“宝贝，那我们等一会儿，等你想拥抱了，我们再拥抱。”然后我们只需坐在孩子旁边静静等待即可。这样做，既帮孩子阻止了负面情绪的爆发，也让孩子学会了情绪的自我修复。

你的笑容疗愈他的伤口，唤醒他的噩梦

韩国有一档亲子节目，曾经邀请了几个妈妈和她们的宝宝，做过一个“视崖”的实验，这个实验是为了测试父母的微笑可以给孩子带来多大的勇气，可不可以让孩子战胜对“悬崖”和“火海”的恐惧，然后成功通过视觉悬崖。那么这个实验具体是怎么做的呢？我们一步一步进行分析：

第一轮实验：妈妈和宝宝被隔离在“悬崖”的两边，隔“崖”相望。这个过程中，无论宝宝做出什么样的反应，妈妈都用面无表情来回应，宝宝爬到“悬崖”边犹豫了一会儿，就转身爬回去了。

第二轮实验：依然是妈妈和宝宝处在“悬崖”的两边，与上一轮不同的是，这次妈妈对宝宝露出了笑容，并且一直保持着微笑，用温暖的微笑鼓励着宝宝，宝宝开心地爬到“悬崖”边，看一下“悬崖”，再抬头看向妈妈，最后鼓起勇气爬了过去。为了增加难度，节目组在“悬崖”下增加了“火海”，在这种情况下，宝宝依然爬了过去。几组亲子实验都是同样的情况，孩子的行为让家长们感动不已。

实验说明：父母的笑容是抚慰孩子的良药，可以让孩子面对困难时勇敢前行；父母的笑容是保护孩子的坚实堡垒，可以让孩子在成长中获得安全感。

而且人类有一种本能，就是与其他人的联系。刚认识的两个人会微笑点头，然后打招呼。也就是说，友好的笑容让这两个人有了联系。如果联系的过程顺利，那么就会开始交流：“今天天气真好！”“你来自哪里？”“认识你很高兴。”家长与孩子之间的联系也是如此，微笑可以成为沟通的开场白，把谈话带入一个和谐温馨的氛围内。

然而，对于现在大多数有孩子的家庭来说，基础的物质保障已经不再是问题，但是随着孩子的成长，很多父母的笑容却变得越来越少，这给孩子们带来了很大的困扰。

到底问题出在哪里呢？大多数家庭当下最大的困难应该就是孩子的教育问题。比如，有的父母担心孩子因为考试成绩不理想，影响未来的升学，以及未来的择业，甚至未来的生活，幻想着孩子可能会因为这次的成绩影响一辈子。正是父母的超级联想力剥夺了他们脸上的笑容。再比如，如果孩子的成绩不理想，父母的这些负面情绪会影响到孩子，他们用其他孩子的优点与自己孩子的缺点做比较，然后对孩子的行为习惯不满意，对孩子的言谈举止不满意，从而对未来产生更大的焦虑。这个时候，所有的事情都有可能让父母失去笑容。

当父母不再对孩子露出笑容，孩子的心理压力会逐渐变大，整个家庭就会失去前进的动力。最糟糕的可能就是导致孩子以成绩为导向评判人生，孩子在生活中找不到可以支撑他的力量，对未来、父母、家庭感到绝望。孩子只有逃避、放弃学习，才能保护自己；只有封锁内心，才能让一切痛苦都无法触及自己的心灵。他们仿佛置身于一个没有色彩的噩梦中，其中虽然没有危机四伏的情境，也没有施加恐怖伤害的坏人，但始终令人感到失魂落魄、浑浑噩噩。

或许在某一时刻，孩子会从这个噩梦中醒过来，不再纠结于父母有没有笑容，然后开始不断逼着自己努力完成学业，或者不断讨好父母，忘记了他自己本来的样子。但这只是一种表象，就算孩子改变了命运，改变了家庭现状，恐怕孩子的心理依然会感觉有所欠缺。

其实，在“视崖”实验开始之前，节目组还做了一个小测试，让妈妈和宝宝一起开心地玩耍，然后妈妈突然面无表情地看向宝宝，宝宝看到妈妈不笑了，立刻不知所措，有的在原地愣住，有的试图爬走，妈妈们不为所动，依然面无表情，三秒钟后宝宝就哭了。

俗话说，“家长是孩子的一面镜子”，孩子模仿着家长的一言一行，甚至是表情，家长的脸上展现出什么样的情绪，孩子就会将这样的情绪复制到自己的脸上。心理学中，有一套情绪理论“社会性参照”，在不确定的情境下，孩子会从自己母亲或者亲近的人身上搜索情绪信息，而后出现趋近或躲避的行为。例如，9个月的婴儿开始有理解成人面部表情的能力，他们常常会搜集父母的面部表情，然后将搜集到的面部情绪转化为自己的情绪。当父母的脸上呈现焦虑、生气的表情，产生急躁、发怒的行为时，父母也会将这些情绪传递给孩子，使孩子做出相应的反应。

父母的微笑教育是给孩子最好的礼物。因此，家长在日常生活中一定要注意自己的言行举止，斟酌语言和表情的运用，自己心情不佳时，待做好情绪管理后，再与孩子进行平等的沟通，特别是在孩子遇到困难、担忧、迷茫时，记得用真诚的微笑去表达爱与关怀，疗愈他们的伤口、唤醒他们的噩梦，这对培育孩子的健康心理、呵护孩子的健康成长至关重要。

拉着孩子的手，
一同走向心智成熟

养育孩子是一项甜蜜又艰辛的巨大工程。从孩子出生起，父母就盼望着孩子快点儿长大，自己尽早轻松一些，盼着孩子快点儿学会坐；孩子会坐了，又盼着他快点儿学会爬；孩子会爬了，又盼着他快点儿学会走、上幼儿园、上小学、上中学……可是，父母却发现，孩子会爬了就担心他乱拿东西，会走了又担心孩子磕着碰着，每个阶段都会出现新的问题，父母在育儿的道路上痛并快乐着。

在物质日益富足、教育日益普及的今天，孩子的心智问题也成了许多父母担心的事。有些父母对此表示束手无策，甚至很长时间都不知道该怎么办。有一对父母甚至将一个教育问

题拖了五年，最后不得不求助儿童心理专家，父母沮丧地说：“我们原本以为等孩子长大了，心智成熟了，问题就消失了。可是我们没有想到，孩子的心智非但没有成熟，积压的问题反而越来越严重。”

我相信，每一个盼望着孩子早日走向心智成熟的家长都深爱着自己的孩子，但爱并不是说说而已，它应该被落实在实际行动上。在孩子的成长过程中，个别问题可能会消失，但大多数问题是无法自动消失的，比如困扰孩子过久过深的抑郁情绪。家长需要适当且及时地给予指导和帮助，也需要为孩子做一些决定，做决定的过程实属不易，但因为畏难心理就让问题越拖越久，情况就会持续恶化，只会更难解决。

2019年，上海世博大道卢浦大桥上发生了一起母子冲突事件，一个17岁的花季男孩亲手终结了自己鲜活的生命。此事被媒体大肆报道，一时轰动全国，令人无比惋惜。

事情的经过其实非常简单，4月17日晚上10点左右，这个男孩的妈妈开车通过卢浦大桥时，坐在车后座的小汤与妈妈发生了激烈的争吵。气愤的妈妈将车停在了大桥中间，随后从驾驶座上下来，隔着车窗斥责儿子。过了一会儿，妈妈转身准备上车，就在这时，儿子突然打开后座的车门，迅速地跑向桥边，然后翻过护栏，毫不犹豫地跳了下去。尽管母亲以最快的速度跟上去想制止儿子，可惜已经晚了，她的指尖只碰到了孩子的脚。面对这突如其来、猝不及防的变故，母亲瘫倒在地，埋着头疯狂地捶打着地面，痛苦地大声哭喊着……事发之后，当地警方在卢浦大桥下方的中心绿化带内，找到了男孩的尸体。

短短几秒钟的时间，一个年轻鲜活的生命就这样永远地消逝了。从生理上来讲，一个马上就要成年的男孩，确实不应该如此冲动。无论小汤是因为什么选择轻生，想必他妈妈的余生都将被无尽的自责与悔恨填满，中年丧子会成为她一生的痛。

在心理咨询中，有一个专业术语叫“退行”。“退行”的意思就是当人在遭受挫败或面临焦虑、应激等状态时，放弃以往比较成熟的处事技巧，使自己心理年龄倒退到婴幼儿时期，以最原始和幼稚的方法来应对当前的复杂情况，以此来降低自己的不良情绪，此时，他们无法正确地认识自己，也无法客观地评价自己和他人应该承担的责任。

通常情况下，无论孩子的生理年龄多大，他的心智成长过程中都有一段最容易让他产生“退行”行为的时期。家长想让孩子安然度过这段时期，就需要家长给予扶助与支持。我们可以从以下几个方面来用爱唤醒孩子的自我成长能力，让孩子的精神世界逐渐丰满起来：

一是要培养孩子做事的耐心。

自我控制是强者的体现。心智不成熟的表现之一就是遇事容易急躁冲动，常常无心铸大错。这个“心”有多种内涵，耐心就是其中之一。如何培养孩子的耐心呢？家长不妨多陪着孩子做一些“慢工出细活”的事情，比如下棋、绘画、拼拼图、组装积木、钓鱼等。

如果孩子在练习过程中遇到了困难、想半途而废，家长要鼓励他们坚持到底，但不要过于严厉地要求孩子必须做到完美，只需在必要时提供一些帮助即可，目的是让孩子体验到“只要不轻言放弃，就有成功的希望”。换言之，家长应该让孩子养成做事有始有终的好习惯，但是这个“终”既可以是成功，也可以是失败；只有这样的宽容和善意，才能让孩子学会正视困难和挫折，不畏难、不怕败，抑郁情绪和冲动行为也就不会轻易找上门来了。

二是要培养孩子的抗压能力。

在孩子的学习和生活中会有各种各样的困难，有些困难仅靠孩子自己的力量是难以解决的，虽然家长可以陪着孩子一起解决这些困难，却无法完全将这些困难带来的压力从孩子的身上转移，这时候孩子的抗压能力就显得尤为重要了。世界上没

有绝望的处境，只有对处境绝望的人。抗压能力好的孩子，能乐观冷静地面对困难，并且在解决困难的过程中能迅速地成长起来，即便失败了，他们也能总结经验，避免犯同样的错误，在未知的道路上继续努力、不断探索；抗压能力差的孩子，遇事会不知所措、乱了阵脚，面对失败，他们只会让自己陷入无助和痛苦之中，从此一朝被蛇咬，十年怕井绳。

富兰克林说过："唯有痛苦，才会带来教益。"家长的过度溺爱、过度保护，只会导致孩子的心智停滞不前，要么走不出父母搭建的温室，要么被父母揠苗助长，到头来都落得不堪一击的结果。家长应该有意识地找准机会给孩子出点儿难题、设点儿障碍，提前给孩子打好预防针、做出相应的预案，再让他们自己解决急、难、险的问题，从而磨炼意志，使其心智变得更加成熟。在促进孩子心智成熟的同时，家长也能体验到莫大的成就感。

避免过度干预，别让爱成为更重的负担

父母大都希望孩子将来年轻有为、事业有成，有的父母更是希望自己的梦想能够在孩子身上延续，于是对孩子寄予了极大的期望。这些厚重的爱层层累积，导致孩子从小就背负着难以承受的“被期望、被期待”的精神压力，既感到窒息，也感到无力。

这是因为我们生来就不喜欢亏欠别人。无论是亲子之间、夫妻之间或是朋友之间，当一方感觉自己没有能力回报另一方的付出时，他们的内心往往会感到愧疚、自责，还有极大的无力感。在这种感觉所衍生出的负面情绪的驱使下，他们或是转化为自我攻击，极大地降低自信心，陷入抑郁心理之中，或是

出于自我保护，选择抵触、逃离这段关系，产生叛逆行为。.

我有一个做心理咨询师的朋友，曾经和我分享过这样一个案例：

一对父母带着他们上高三的儿子来接受心理治疗。这对父母说：孩子上高一高二时的学习成绩一直很优异，可自从升入高三，孩子的成绩便一落千丈，而且原本性格开朗的儿子，开始变得沉默寡言，放学回到家后就直接把自己锁在屋子里，不愿意和他们说话，而且经常跟他们发脾气，平时对他的关心、嘘寒问暖，都成了他生气的理由。

我的朋友和男孩反复沟通了许久，他终于说出了积压已久的心里话："他们所做的一切都是为了我，天天围着我转，为了我的学业，他们放弃了太多，我觉得负担不起，没办法还给他们。如果我没有考上一所好的大学，我就成了家里的罪人。"朋友说，这个男孩的压力很大，非常焦虑，父母平时对他越好，他就越抵触。他身上背负了太多还不清的恩情，这种沉重的感觉让他想逃离父母，逃离这个家。

类似的案例屡见不鲜，尤其是独生子女家庭，孩子成了每个家庭的核心，除了爸妈，还有爷爷奶奶、外公外婆，所有人的爱和关注点都在孩子身上。在这样的环境中，家长要么这个也要管、那个也要参与，包揽了孩子成长中的所有事情；要么见贤思齐，拿自己家的孩子与别人家的孩子盲目对比；导致孩子的成长被过度干预，完全失去了自主选择的权利。

孩子已经使出全身力气承受着加倍的关注与呵护以及无力偿还的恩情，内心的抑郁情绪正在悄然发酵。如果这种强行灌输式的“爱”继续推波助澜，就会给孩子的内心带来无法承受的压迫和愧疚，导致他们不是因为爱而善待父母，而是被逼着去行使形式主义的孝道。对于天性敏感脆弱的孩子来说，如果他们总是被逼着去做自己不喜欢的事情，只会让他们感觉属于自己的时间和空间越来越小，内心也越来越难受。这样一来，孩子不仅不会感恩，反而与父母越走越远、产生隔阂。

过度的“爱”不仅会成为孩子的心理负担，也会成为家长的心理负担。

我相信，绝大多数的妈妈在孕育生命的时候，是怀着迎接新生命的喜悦和期待的心情，那是一种无条件的爱，纯洁又神圣。然而，随着孩子日渐长大，无条件的爱渐渐有了条件，比如听话、懂事、上进、成绩好等等。当父母开始用牺牲自己的需求作为代价来培养孩子时，这种付出会慢慢积累，然后像杂草一样肆意生长。

如果孩子达到了期望还好，若是没有达到父母的要求，他们得到的就是抱怨和指责："我这么辛苦地把你养大，你怎么能这么不争气？""我做这一切都是为你好，你怎么不领情？""要不是为了你，我现在不至于这么累"……孕育生命时的喜悦已经荡然无存，取而代之的是抱怨和委屈。在这样的亲子关系中，父母和孩子都在经历着痛苦的折磨。

到底是哪里出错了，让原本情感自然流动的爱变成了干枯的河床？究其原因，可能是这些父母担心，如果不干预孩子的学习、生活，孩子就会不务正业、误入歧途。其实，父母大可不必为此过度焦虑。如果我们热爱自己的工作，善待自己所爱之人，对生活充满希望，根本不用担心孩子将来不务正业，更不用担心他们误入歧途；如果我们自己都做不到让人生精彩纷呈，再多的爱都只会变成适得其反的情感绑架。

那些不再担心“因为缺少管教，孩子就会不务正业”的家长，反而更容易与孩子沟通，也拥有更和谐的亲子关系。这些父母并不认为孩子是他们梦想的延续，他们觉得，在未经允许的情况下把孩子带到未知的世界，自己有责任和义务让他快乐幸福地成长。抱着这样的认知和心态，他们对教育孩子时出现的不如意愿意付出更多的耐心，对孩子所做之事也更容易接纳和理解。他们没有将这份爱赋予任何沉重的价值，却向我们展示了爱的真谛。

别让爱成为孩子的负担，成为孩子生命中不可承受之重。作为父母，应该学会放下心中的执念，真正尊重生命成长的本质，将孩子视作独立的生命个体，了解他们的需求，合理调整沟通方案；凡事学会退一步，不要对孩子步步紧逼，主动回避冲突并不是怯懦，而是胸怀宽广的象征。我们要用适量且适度的爱，陪孩子一起成长，陪孩子一起走向成熟。

第四章

正念意识：是他想太多，所以不快乐

并不是所有人遇到不好的事情时，都会朝着乐观的方向思考。有些孩子属于先天的悲观主义者，在观察现象、搜集信息、分析问题、思考对策、预测结果时，他们往往会先看到悲观的一面，并且会被悲观主义影响，导致自己做任何事情都笼罩着某种负面情绪，由此形成了思维定式与应对模式，自寻的烦恼越来越多，能够感知到的快乐就越来越少。

其实，只要调整好思考角度与应对情绪，很多时候，坏事也会变成好事。如何想，影响着我们如何做，只有正念的意识，才能带来正面的结果。

我们都是天生的负面思想家

人类似乎天生喜欢关注或者传播负面信息。绝大多数情况下，我们在解读世界或者事件时的第一想法就是负面的，比如：孩子不听话，就是没教养；孩子成绩差，就是没有学习天赋。

几千年前，当我们的祖先围坐在篝火旁促膝长谈时，一些积极乐观、放松随性的人常会因为防备意识不强而被狮子叼走，而那些负面情绪较多、紧张戒备的人却能躲过一劫。所以，负面情绪是我们的祖先在逆境求生时必须具备的一种特质。在遭遇困难与失败、质疑自己能力的时候，我们的第一反应通常是感受到了威胁。这种恐惧会刺激大脑中的防御系统，让我们进入本能的反应机制中，做出抗拒、辩白、逃避，或像刺猬一样缩成一团保护自己。于是，人类的“负面偏好”和强大的威胁防御系统就发展起来了。

一直到现在，人类的大脑依然会优先考虑生存。这种负面情绪和威胁防御机制对人类生存来说非常有益，但对于人类感知幸福和正面体验而言，却没有任何好处。比如，我们在解读一个人或一件事时，在对自己不够了解、对他人缺乏认识的情况下，针对产生冲突和矛盾的原因，我们的第一反应一般是“这是别人的问题，是别人不负责任”。所以，我们的人生充满了各种各样的对抗、逃避、抱怨。这种本能反应还会导致我们一时冲动，冲动过后就会形成另一种负面情绪——后悔莫及。

我们选择关注负面事物时，往往会忽略或忘记正面的感知，据此做出的言行举止都会倾向于片面性、攻击性、排斥性和回避性。比如，有人回顾历史、分析历史人物的时候，会更乐意探究他们的感情八卦史，而不是品鉴他们流传于世的作品，他们的生活越复杂坎坷，那些人就感觉越有意思；有人看到一些志愿者的宣传时，会认为他们假仁假义，诋毁、讽刺他们的义举，而不是出一份力；有人看到别人比自己成功时，会去质疑别人成功的原因，而不是鞭策自己努力……在负面思想的毒害下，我们渐渐地变成了闲人、坏人、废人。

这个时代充满变化，任何事情都有可能发生，我们的共同感受是：人生得意的事情很少，失意的事情很多，烦恼接踵而来，坏情绪也接连不断，我们总是被迫停留在负面体验里。尽管在面对困难的时候，抱怨、怀疑和攻击是我们的本能反应，然而幸福掌握在每个人的手中，我们同样拥有感知幸福、获取幸福的能力。

生活变化莫测，当孩子遇到困难和不如意的事情时，我们应该让自己与孩子共同成长，不逃避、不抱怨，用积极的处世态度感染孩子，做出榜样，并且告诉孩子："亲爱的宝贝，生活确实有点儿不如想象中美好，你那么努力，也那么辛苦，我看得到，也能感受得到。从今以后，我们都应该像对待最爱的人一样好好地对待自己，这是让快乐加倍、痛苦减半的好方法。"

我们还可以教会孩子及时控制负面情绪蔓延的窍门。比如，当负面想法出现时，我们马上大声喊停，然后想象出一个场景：一匹马在草原上奔跑，前方有一处悬崖，眼看这匹马就要跑到悬崖边了，我们要让它赶紧停下，然后回想一些美好的事情，将它们想象成草原上空灿烂的阳光，在阳光照耀下，无数条平坦宽阔的大路出现在眼前，它们通往你心之所向的地方，马重新踏上旅途再出发。

愿我们都能在负面情绪的悬崖前及时勒马，品鉴世间此刻的美好，再去迎接更美好的未来。

人类的大脑是很神奇的，尽管我们天生喜欢把事情往坏处想，但是我们也可以通过后天的训练来改变大脑的“坏习惯”。只要孩子能不断地遏制住负面想法，再不断地创造出更多的正面思维，他就越容易积极地面对生活。

有喜欢负面思考的孩子，就有喜欢正面思考的孩子，我们应该让孩子择善而从。近朱者赤，近墨者黑，孩子多接触那些正面积极的朋友，可以使其获得富有正能量的影响与引导，有助于他们在不知不觉中摆脱抑郁情绪的困扰；但如果他们长期接触一些负面思想爆棚的人，必然会被同化，加重抑郁情绪、负面想法与悲观的想法。

鸟笼效应：很多烦恼是自我的

早在一百多年前，美国心理学之父威廉·詹姆斯就发现了一个很有意思的规律：人们在一个偶然的机会，获得了一件对自己来说并不需要的物品，为了跟这个物品配套，又添置了更多自己不需要的东西。就像一个人某天买了一个空鸟笼，在家里放了一段时间后，通常他会为了这个笼子再买一只鸟，他不会把没用的笼子丢掉，而是向笼子“缴械投降”，成了笼子的“俘虏”。于是，詹姆斯将这种心理现象称为“鸟笼效应”。

人活一世，会遇到各种各样的烦心事，不如意之事十有八九。有些烦心事来源于外界，但其实大部分的烦心事来源于自己的内心。追求快乐是我们共同的初心，但实际上我们所做的事情却是围绕着痛苦追逐纠缠。就像别人给了你一个空鸟笼（某个烦恼），你自己又买了鸟、鸟食与其他用具（更多的烦恼）。通俗点儿讲：这些额外的烦恼都是自找的。

第一种烦恼，是被幻想出来的“假想敌”带来的烦恼。

从前有一座寺庙，寺庙里有一个弟子，每次在他打坐的时候，都会有一只大蜘蛛扰乱他的心神，不管他怎么赶，它都不走，使他无法打坐。他把自己的苦恼告诉了师父，师父告诉他：“你下次打坐的时候准备一支笔，如果蜘蛛来了，你就在它身上做个标记，打坐结束后看看它从哪里来的。第二天，弟子按照师父的吩咐提前准备了笔，在他闭着眼打坐的时候，他又看到了那只蜘蛛，于是他拿起笔在蜘蛛身上画了一个圈，不一会儿蜘蛛爬走了，他继续打坐。他打完坐、睁开眼睛时，却发现自己的肚皮上有一个圈，这时，他才恍然大悟：原来一直都是自己在打扰自己呀！

很多时候，被抑郁情绪困扰的孩子通常以为，别人是给自己带来烦恼的罪魁祸首，于是把一切过失都推给别人，在潜意识里不断地洗清自己。实际上，给他们带来烦恼的人，正是他们自己。只有孩子的心向阳而生，才不会轻易被忧伤所扰。

第二种烦恼，是添油加醋、故意夸大带来的烦恼。

有个身强力壮的农夫，他需要定期向河对岸的居民运送自家种的农产品。那天天气酷热难耐，农夫早已汗流浃背，他边擦汗边划船。为了能尽快完成运送任务，争取天黑之前回家，他使出了全身力气向前划。突然，在农夫的正前方，有一只小船正向他迎面驶来，由于他刚才划得太快，速度一时控制不了，眼看两只船就要撞在一起了，但那只船好像并不打算避让。农夫着急地向对面吼道："对面的快让开，快让开，你快要撞上我了！"但是，对面的船对他的吼叫置若罔闻，尽管他手忙脚乱地企图避让，但已经来不及了，对面那只船重重地撞上了他的船。农夫被彻底激怒了，厉声斥责道："你怎么驾船的？河面这么宽，你都能撞到我的船！”当农夫怒目审视与他相撞的小船时，吃惊地发现，对面船上居然空无一人。

大多数情况下，当孩子生气、苦恼的时候，他怒吼的对象可能是一只“空船”。那些陷入坏情绪中难以自拔的人，通常会放大主观想象，同时缩小客观事实，只看得到眼前的这些烦恼，但是有些事情实际上并不像他们想象中那样糟糕。这时候，我们应该教会孩子转换想法，不要紧盯着眼前的事情不放，要慢慢学着舍弃一些杂念，拥抱现实所给予的幸福。

第三种烦恼，是因为胸怀太过狭隘、斤斤计较带来的烦恼。

一个喜欢搜集漂亮石头的小男孩，看到一个女孩拿了好多糖果，突然特别想吃。于是，他就用漂亮的石头和这个女孩进行交换，小女孩见到这么漂亮的石头很高兴，就用所有的糖果换了小男孩所有的石头。但是，小男孩偷偷将自己最喜欢也是最好看的一块石头藏了起来。回到家后，小女孩心满意足地进入了梦乡，可小男孩却辗转反侧，怎么都睡不着，心想小女孩是不是也瞒着他藏了最好吃的糖果。

世界著名作家雨果说过：“世界上最宽广的是海洋，比海洋更宽广的是天空，而比天空更宽广的是人的胸怀。”若是孩子的心胸狭隘到只能不断地塞进去小烦恼而容不下大快乐，那么早晚有一天心就会被这些烦恼毒害，慢慢地失去正常机能。我们要让孩子明白：那些无足轻重的事不要放在心上，不然，他的心里只会装满无法排解的烦恼和郁闷，以至于整天郁郁寡欢。

事实、想法、感受之间的内心戏

众所周知，每个人的自我认知决定了我们怎么看待身边的人、事、物，影响着我们对生活的感受、他人的看法以及自我的评价。但是，自我认知源于自我，注定存在差异性、片面性和局限性，不可能是完全正确的，出现判断失误的情况时有发生，也会因此造成心理上的不适和做出一些不恰当的行为。

为什么会出现自我认知失误的现象呢？其中一个重要原因就是事实、想法与感受之间的衔接出现了偏差。因为我们的认知大部分是建立在自身经历（我们所认定的事实）上，以往的所见所闻都会转化为我们的经验（此处的经验是一种总结性的想法与观点）。我们遇到某些事情的时候，就会用经验（而此处的经验多是条件反射般的主观感受，即情绪化）去做出相应的处理。

我们先来看这样一个故事：

某位联合国的亲善大使受邀去访问非洲的一个国家，这位亲善大使访问结束回国后，有人问他那个国家怎么样，他回答："那是我访问的所有国家中最差的国家。我们过海关时工作人员面无表情，坐出租车时司机态度蛮横，去餐厅吃饭时服务员不懂礼节……"那个国家在他的口中简直一无是处，几乎所有的市民都粗鄙不堪。总之，那个国家糟得不能再糟了，他在那里的每一天都非常痛苦。

然而，不久后的一天，他在家里看书，看到了这样一段话："世界就像一面镜子，其中有自己的影像：你对它哭、它就哭，你对它笑、它就笑。"大使陷入了沉思，思考良久，开始反思自己在非洲国家的表现与行为。

之后一次偶然的机会，他再次去了那个国家。

他改变了自己的态度，变换了思维方式：对待别人，他时刻面带笑容。结果，他发现那里的每个人都很和善、很热情。海关工作人员、出租车司机、餐厅服务员……几乎所有的市民都亲切热情地对待他，这令他感到心情舒畅。回来后，他向很多人推荐那个国家，说这是他去过的最好、最友善的国家之一。

这个故事体现了事实、想法、感受三者之间的联系与区别：

事实，是一种客观存在的事物，在特定条件下，它是一成不变的，我们无法对其进行人为控制。故事里的事实是“海关工作人员、出租车司机、餐厅服务员的言行”。

想法，是大脑对事实进行信息处理的结果，即个人的主观认识。针对同一个事实，因为思考主体、思考角度、讨论程度等因素的不同，可以形成不同的想法，并且想法是可以被改变的。因此，想法基于事实，但又不完全尊重事实，它们可能是事实的放大版、缩略版、扭曲版。故事里的想法是“过海关时工作人员面无表情，坐出租车时司机态度蛮横，去餐厅吃饭时服务员不懂礼节，几乎所有的市民都粗鄙不堪”。

感受，是一种个体自身的感观、自发产生的情绪，无关对错好坏。可能很多人持有同样的想法，但未必每个人的感受都相同。故事里的感受是“在那里的每一天都非常痛苦”。

感受源自想法，改变想法就会带来不同的感受。大使受到书中言语的启发后，改变了待人接物的方式，重新审视事实，由此产生了新的想法（每个人都很和善、很热情）、新的感受（心情舒畅）与新的行为（向很多人推荐那个国家）。

再打个比方，孩子说：“今天的风力是7级。”这是客观事实。孩子说：“今天的风很大呀！”这是他的想法。孩子说：“看到外面狂风大作，我有点儿烦躁，心情不好。”这是他的感受。事实、想法、感受可以出现在同一句话中，并直接产生行动：“今天的风力是7级，风很大呀，看到外面狂风大作，我有点儿烦躁，心情不好，今天我就不去上学了。”

从“风力7级”到“今天不去上学”，想法和感受直接决定了行为选择，孩子不是因为“今天风力7级”“不‘能’去上学”，而是因为“风大、烦躁、心情不好”而“不‘想’去上学”。如果孩子生活在经常刮大风的地区并且对学习有热情，那么就算7级大风也不会让他心情不好。所以，并不完全是大风影响了孩子的心情，这其中肯定有他在校园生活中遇到的不好的体验发挥了作用，大风只是催化剂、一个借口而已。

可见，想法不等同于事实，感受也不等同于事实。很多时候，孩子的思考能力尚不成熟，他们会在观察事实、形成想法的转瞬间，误以为自己的认知符合事实。实则不然，在主观结论与客观条件之间，有太多的影响因素掺杂其中，差之毫厘就会失之千里。许多庸人自扰的抑郁情绪就是这么产生的。

那么，如何让孩子的感受、想法与事实尽量相符，并倾向于做出正向思考、产生积极的情绪呢？

一、同一个事实，换个角度去观察和思考。

有个寓言故事，有个整天闷闷不乐的老太太，别人问她为什么如此不开心，她回答道：“我的两个儿子都是做小本买卖的，大儿子卖布鞋，可下雨天没人买布鞋，小儿子卖雨伞，晴天时又没人买雨伞，一想到他们的生意惨淡，衣食堪忧，我就烦恼不已。”

对方一听，笑着说：“我倒是和您老有不同的想法，依我看，但凡下雨天，您的小儿子一定会生意兴隆，等雨过天晴，您的大儿子也是顾客络绎不绝。他们根本不会像您想的那样赚不到钱，您又何必担忧呢？”

老太太听罢，顿觉有道理，不禁转悲为喜。

两个儿子的营生、变化莫测的天气都是事实，如果可以换个角度去观察和思考，就会产生不一样的想法与感受。老太太的愁苦情绪并不是问题本身带来的，而是她对这些问题的错误理解而产生的。

同样，孩子跳出原有的观察角度和思维方式，去全面地感受事实的存在意义时，往往会有不同的收获。

二、使用正面积极的词汇描述事实和想法。

通常，我们会使用正面、负面与中性的词汇描述事实和想法。我们使用不同的词汇，也能产生不同的感受，对态度和情绪会产生很大影响。假如孩子总是使用“问题”“困难”“麻烦”“失败”“后悔”等负面词汇，不安、无助、担忧的情绪就会在他们的心中深深扎根。

想变得乐观，孩子需要学会用乐观的词汇来正确地描述事实、想法和感受，暗示自己目标清晰、能力足够，情绪就会积极起来，并且动力十足。比如，他想描述某件事有困难时，可以说“完成这件事对我来说是一种挑战”或“做好这件事会给我带来一个机会——进步的机会”；他想表达对某件事的担忧时，可以说“我在乎这件事，希望能有一个皆大欢喜的结局”或“我需要慎重对待这件事，这样才能善始善终”。

三、感受不佳时，先释放情绪，再转移注意力。

情绪是如何愈演愈烈、越来越糟的？如果我们一味地控制内在的感受，那些秘而不宣的怨恨、愤怒、痛苦、压力会越埋越深，对内心的伤害也越来越大，直至形成无法愈合的伤痛。孩子需要将这些情绪合理地释放出来，比如找一个无人打扰的环境，对着镜子里的自己说话，看着“另一个”自己，客观地描述自己的想法和感受：“我现在很生你的气，因为你刚才做了一件错事……”“我感觉自己被冒犯了，却又不敢反驳，因为……”在感觉心情已经有些许放松之后，孩子就可以去做一些有益身心、自己喜欢的事情，比如看看搞笑视频、出门散步、听听音乐等，把注意力自然地转移到能让自己感到舒适的事情上去。

四、冷静之后，分析感受背后的想法。

我们还需要教会孩子在冷静之后适当地质疑自己的感受和想法，特别是那些负面的感受和想法。孩子需要破除“我刚才的感受是唯一正确的感受”的错误观点，质疑了感受之后，再去质疑想法，大脑就会变得理性起来。孩子可以时不时地问自己：“我的感受是否准确？它体现我那时的想法了吗？我的想法是否正确？它对那件事、那个人的评断是来自主观臆想还是客观事实？”通过一系列的思考，孩子可以追溯到事实本身，再换成旁观者的角度去理解自己的想法与感受，就像在拍摄一部中肯的纪录片，而不是自导自演影视剧。

客观才能冷静，乐观才能积极

在工作生活中，几乎所有人都喜欢和积极乐观的人相处，和正能量的人在一起，自己也可以感受到希望。正念意识就是一种积极乐观的思维，是一种对人、对事都抱着积极向上的人生态度。很多家长关注孩子对学习是否感兴趣，但是对孩子来说，培养他们的心态比培养兴趣更重要。如果孩子的心态消极悲观，那么他们只能受困于眼前的局面，难免否定自己、放弃自己，这种对待自己的态度会直接影响孩子的社交行为，孩子的学习能力与其他兴趣也很难被培养出来。

而且无论是在个人的成长中，还是在社会的发展中，困难、迷茫难以避免，可能会伴随孩子终生。如果没有理性客观的分析能力，没有积极乐观的人生态度，他们可能会长期陷入痛苦中而无法走出来。在正常思维状态下，理性使人看问题更加客观，只有客观地看待问题，才能冷静地面对现实，展开全面了解、分析现状、针对问题制订可行性方案、有效执行等一系列行动，最终达到预期的效果。

既然我们没有能力逆转未来的趋势，那么，不如用冷静又积极的态度去面对现在，这样既可以避免盲目乐观，也不会深陷思想的囹圄，我想这是最好的处事方式。所以，为了使孩子能够健康成长，父母应该尽可能地帮助孩子培养客观和乐观的心态。

一、要培养孩子用长远的眼光，客观地认识现实，正确地审视自己。

费斯汀格法则告诉我们，生活中10%的事情是由发生在我们身上的事情所组成的，余下的90%则是由我们对所发生的事情如何反应所决定的。只有不带任何主观偏见地面对现实，孩子才能看清事物的本来面目，找到真相，获得真实的反馈，继而做出正确的情绪反应与应对决策。而客观认识现实的关键方法就是要做到“不以自我为中心，而以问题为中心”。

说到这里，我想和大家分享一本书——美国马歇尔·卢森堡博士写的《非暴力沟通》。这本书里将人与人之间的“非暴力沟通”分为四个层次，分别是客观观察、倾听感受、双方需求和真诚表达。这四个层次让双方达成有效沟通。在我看来，这就是一种双方情绪互换到再融合的过程。“非暴力沟通”这种方式，不单单是狭义的语言沟通，还包含了对事物不同看法的尊重态度。这种沟通方式对内是一种思维成熟的过程，对外是一种自我修养的过程。这本书里有一句话，令我感触颇深：“不带任何评价和议论的观察，是人类最高的智慧。”可能有很多人会认为这很容易做到，我开始也是这种想法，直到看到重庆万州发生大巴车坠江事件的报道，我才发现自己错了。

2018年10月28日，重庆市万州区一辆大巴车与一辆小轿车发生碰撞后坠江。因为小轿车的驾驶员是女司机，在真相还没有查明之前，舆论呈现一边倒的趋势，网民们异常气愤，说是因为小轿车逆行才导致悲剧发生，又说女司机都是马路杀手，他们把平时积攒的怨气都撒在了女司机身上，对女司机不断进行人身攻击与网络暴力。警方通过大巴车的黑匣子回顾了事故的经过：大巴车的司机和乘客发生了激烈的争执，随后发生肢体冲突，司机操作失误，导致大巴车与小轿车相撞并坠江。

这个事件让我联想到另一个乌龙新闻，英国威廉王子有一次参加外交活动，其间他被一些人指责行为不当，说他在活动中有竖中指的动作，这一行为在国外代表着不屑和侮辱。其实，他只是向随行人员比了个“三”的手势，因为视觉角度闹了一场乌龙。可见，在事情没有查明之前，就妄加评论的非客观行为，将会给别人造成巨大的伤害。

俗话说“人贵有自知之明”，仅从自身角度了解自己，难免会存在盲点。家长想让孩子正确地审视自己，可以通过两种方法。第一种方法是将自我客观化，也就是把自己从“我”中抽离出来，站在第三方的角度，以局外人的身份去审视自己的言行，由此分析自己的心理活动。第二种方法是保持开放的态度来接受外界对自己的态度和评价，也就是以他人为镜来重新认识自己，同时找到一些条件能力与自己相似的人作为参照，对比各方面的素质、能力、习惯等，以便客观地看到自己的优点与缺点。

二、我们要告诉孩子不要给自己设限，相信自己有能力做到，即使结果不尽如人意，敢于尝试就是希望的开始。

客观冷静体现了一个人的素养，而素养的形成与提高，离不开乐观积极的心态。金无足赤，人无完人，苛求自己完美无缺是一种心理负担。我们要帮助孩子卸下这个负担，既让孩子欣赏到自己的长处，充满自信，也要让孩子容忍自己的短处，并且致力于改变那些能改变的、改善那些能改善的事情。

三、接受可能的最坏结果，并致力于解决它。

当困难摆在眼前的时候，家长要教会孩子按照以下步骤在悲观事件中尽可能地找到乐观因素。

不要惊慌失措，先冷静分析情况，问问自己——“这件事导致的最坏结果是什么？”

然后评估自己是否能承受这个结果——“无关生死，都是小事，所有损失都在可承受范围内，就算不在自己的承受能力内，也可以借助外力加以分担。”

试着接受这个最坏的可能结果，尽管它可能并不会成真，这个接受的行为并不是只说一句“是的，好吧，就这样吧”，而是意味着A计划失败后，需要制订B计划——“这件事还有一线生机，一切问题都有解决之道，我应该想办法改善这个最坏的结果，将损失降到最低，同时对坏心情进行自我调整，我可以重新振作起来的。”

简而言之，我们要给孩子灌输正确的价值观，培养孩子独立的思考能力，让孩子用健康的心态去面对人生百态。

改变信息接收模式：
屏蔽过度的感官刺激

这是一个信息爆炸的时代，我们每天都会从生活环境和社交网络中获得各种各样的信息。当外界信息进入大脑后，大脑会对其进行一系列的加工，经过筛选、整合、分析和判断之后，产生我们的想法和感受。倘若我们在短时间内接受了大量既繁多又杂乱的信息，大脑就会超负荷运转，它感觉自己来不及分解消化、无法胜任时，就会发送出一些“我无能为力”的信号——压迫感和紧张感。

对处于抑郁状态的人来说，过于繁杂的信息更是弊大于利，他们需要能带来积极乐观的信息刺激时，却发现大脑难以在大量信息中获得自己想要的内容，或是对已经获得的内容感到不甚满意，于是继续加大剂量吸收刺激，大脑则表示不堪重负，随之释放一些消极信号，让人变得郁郁寡欢或是产生对抗情绪，试图借此使人转移注意力、放弃搜索信息的欲望。

特别对孩子而言，大脑能够接纳到的信息量是有限的，一旦从外界接收的感官刺激过多过频，他们的学习习惯、自理能力、独立思考能力与心态就会被各种冗余的信息干扰，还会在垃圾信息与负面信息的严重影响下出现心理问题——不是遇事偏听偏信、胡思乱想，终日自寻烦恼，就是有病乱投医，头脑一热，做出错误的决策。

那么，怎么才能保护孩子，帮助他们屏蔽干扰信息，避免让他们受到过度刺激，并且找到适合自己目前情绪状态的刺激水平呢？

首先，通过冥想提高专注力。

家长可以让孩子在做事之前，先明确一个小目标和这件事的核心，然后找到一个远离环境干扰（比如远离手机、电脑、电视等）的地方，盘膝而坐，闭上眼睛，把注意力放在自己的身体和呼吸上，感受思绪漂移的路径，扫清上面的障碍，慢慢地带着刚才的小目标开始思考。每天只做一两分钟的冥想即可，贪多反而容易因注意力涣散而胡思乱想。

其次，减少碎片化信息的摄入。

碎片化信息的特征是“缺乏科学的论证，属于极个别现象的总结”，它们并不具备普遍意义，摄入太多就会干扰正常的信息处理过程。如何减少碎片化信息的摄入呢？减少阅览新闻的次数是最佳方法，新闻汇播类的节目，每天只看一次就好。尽管孩子十分需要拓宽知识面，但千万别让孩子浪费精力去了解世界上每天发生的所有事，特别是一些新闻里经常报道的负面事件，如车祸、自杀、欺凌、犯罪等，对这些事情产生太大兴趣，只会给孩子徒增思想负担。

再次，适当减少过量的人际交往。

由于担心孩子照顾不好自己，有些家长经常把孩子带在身边、不让他一个人独处，比如带着孩子参加成年人聚会。但是在孩子心里，你的社交圈对他而言可能是一种负担，让他们过度参与、逼迫他们参与，只会拖垮内心敏感、性格内向的孩子。如果你发现孩子总是拒绝同你一起去参加聚会或走亲访友，那么请适当减少这类活动。然后你要把那些从前用来进行无用社交的时间拿出来，让孩子做些富有趣味但不过度刺激的活动，比如打扫卫生、洗衣服、照顾花草、跑步、泡澡等，这些活动可以帮助孩子在内心掀起波澜时逐渐地恢复宁静。

最后，面对别人的非议时，选择性失聪。

还有很多来自外界的其他感官刺激会影响孩子的意识，比如一些负面评价——“你性格内向，不适合单独发言”“你身高不够，不适合打篮球”“你手脚不协调，不适合跳舞”。这些话一旦出口，就会打击他们的信心，让他们感到难过、沮丧，更会对自己产生深深的质疑，对自己的评价也会越来越低。人生在世，遭到周围人的“指指点点”是不可避免的，总会有些人拿着别人的短处打击嘲讽，甚至是揭别人的痛处，以此来满足自己的优越感。与其把别人的所有非议都听在耳中、记在心里，折磨自己，倒不如学会选择性失聪，对那些恶意的、失实的评价充耳不闻，开启自我保护模式。与此同时，家长还要培养孩子独立自主地思考问题、分析问题、判断问题的能力。

改变受害者思维：
不要被假想的敌人打败

人类有一种特有的能力——想象力。人类可以通过想象，进入自己营造的虚幻世界中，赋予自己一个独特的角色，并随着想象中跌宕起伏的故事情节，产生快乐、幸福、抑郁、痛苦等情绪。我们被生活不断打击之后，很容易把自己放在一个无助又被动的角色里，受害者思维正是这样产生的。我们在把自己当成“受害者”的同时，还会把整个世界想象为“加害者”“假想敌”。说到底，这只是一种庸人自扰的思想。

在成长的路上，从婴儿时期到儿童时期，再到青少年时期，孩子总是在不经意间为自己制造出许多假想敌。这个假想敌可能是同学，可能是家长，也可能是老师，或者是其他人，有时候，他们甚至把自己当作假想敌。对于那些因为看动画片而拒绝学习的孩子来说，催促自己去学习的家长是他们的“敌人”；对于那些逃课、不交作业、上课不好好听讲的孩子来说，严格的老师是他们的“敌人”；对于那些成绩不好、自卑的孩子来说，优秀的同学或者邻居家的孩子是他们的“敌人”；同样，对于那些为自己的不足找借口的孩子来说，优秀就是他们的“敌人”。其实，这些人不过是自己内心虚设的敌人而已，现实中的情况根本不是这样。

在通常情况下，人际交往中的过度想象并不是好事，虽然只是想象出来的角色，但在无形中，这个“敌人”已经影响了孩子的情绪和生活，尤其是戴着有色眼镜去看待别人，依靠凭空想象为别人贴上标签，这种行为往往会产生不必要的麻烦。你用什么样的态度对待别人，别人就会以什么样的态度对待你。孩子们并不明白这个道理，他们在与人交往时，总是会记起父母常说的“防人之心不可无”，并将这种想法演化为具体的行动，与他人交往时习惯性地处处提防，用不好的想象揣测别人的意图，如果与他人产生矛盾，也不愿意为修复关系做出任何努力，只会继续理直气壮地怨天尤人。孩子带着这样的情绪与他人交往，负能量便会不自觉地流露出来，别人又怎么可能会感受到友好和善意呢？这么做只会让双方产生误解，可能还会让误解越来越深，甚至造成不可挽回的后果，生活也变成了充满冲突的战场。

所以，为了让孩子不再以一个“受害者”自居，不再因为假想敌而自我折磨，家长需要告诉他：“这个世界上从来没有人与你为敌。茫茫宇宙中，你唯一需要战胜的是你自己。”

首先，家长可以让孩子向内部观察一下自己，问自己几个问题：我现在的情绪是什么样的？我在抱怨什么？我是受害者吗？谁是我的敌人？我为什么会这样想？这些想法对我有什么影响？对对方又会有什么影响？

其次，孩子意识到自己有受害者思维后，请他接受自己的这些负面想法，不要隐藏，也不要逃避；承认这些不幸的遭遇都是事实，但不要由此衍生出愤怒和责备的情绪。这样的客观与冷静有利于孩子跳出“受害者”角色的束缚。

最后，家长要让孩子重新校正跑偏的思维。尽管事实是不可改变的，但是可以调整孩子的想法和感受。他能够改变看待问题的角度时，就会发现：其实我不是受害者，而是幸存者，我从那些艰难的日子里走出来了，并且现在的状况其实要比以前好很多，我应该感恩，感恩自己的坚强和努力。

请记住，毁掉孩子的永远不是他所认为的“残酷”的生活和充满“恶意”的其他人，而是他对待生活和其他人的态度。只要孩子可以开始这样正向思考，换一个新视角看待事情，他就能慢慢地走出受害者思维的囹圄，真正为自己的人生负起责来。

改变习惯性想法：停止从外部寻找原因

作家米兰・昆德拉在《笑忘录》中提出了一种很独特的概念叫“力脱斯特”，意思是人在面对自己的无能时，通常会迁怒他人，然后想办法报复那个人，而不是为自己的无能自我反省。

我们常常听到抱怨社会不公、家庭不幸、事业坎坷的声音，在这些人心里，一切的打击和痛苦都是这个世界强加给自己的，自己作为受害者，是无力反抗的。他们凡事都抱怨不已，花时间去推卸责任“都是他的错”或唉声叹气“为啥我老是这么倒霉”，很少在自己身上找原因，总认为是自己时运不佳。

古希腊哲学流派的斯多葛派中有一个了不起的人物——爱比克泰德。我推荐大家读一下他的著作《爱比克泰德论说集》，在这本著作中，他提出了一个观点：当你感到不安的时候，你就会倾向于通过外在的事物来解释原因，寻找借口。

一个人遇到问题时，通常有两种选择，一种是找借口、推卸责任，另一种是勇敢面对、承担责任。这两种选择将决定一个人将来的发展和在社会中的地位。一个孩子从小遇到问题就习惯找借口，以后步入社会依然会害怕承担责任。在一个新团队中，一个人积极主动、敢于承担责任；而另一个人中规中矩，喜欢推卸责任。经过三年的发展，他们的社会地位会发生巨大的变化。

那么，孩子遇事找借口的习惯是怎么形成的？比如：孩子因为忘记带钥匙，在家门口等了两个小时。很多父母会和他说："都是妈妈不好，早上出门太急，没有提醒你带钥匙！"孩子对家里长辈发脾气，家长却说："孩子快中考了，压力太大才发脾气的。"孩子没完成作业，家长跟老师解释："孩子为了这周的舞蹈比赛，训练到很晚，所以没写作业。"

每个家长都很爱孩子，但有些家长喜欢以爱之名，为孩子找各种理由和借口。比如刚才说的问题，带钥匙不是自己分内的事吗？压力大就能随便对长辈发脾气吗？做作业不是学生的义务吗？家长不断地用各种理由帮孩子推脱，其实就是不断地给孩子错误的心理暗示。

一个经常被各种借口和理由保护的孩子，很难有担当与责任感。如果他遭遇失败、与人发生冲突或者遇到挫折，会习惯性地推卸责任或者埋怨别人，产生怨天尤人的抑郁情绪，觉得自己的一切不幸和不开心都是别人造成的，自己似乎没有责任，不懂得审视自己身上的问题，不愿意从内部改变自己。这样的孩子社会适应能力较差，面对生活中的小问题、小困难时尚且如此，假如出现较大的变故，很容易突然间走到崩溃的边缘。

道家《太上感应篇》中讲："祸福无门，唯人自召。"每一个起心动念，每一句话，每一个行为，都是在向外释放正能量或负能量。任何环境都无法直接左右孩子的内心，孩子不想痛苦没人可以让他痛苦，真正的主动权在他自己手里。每个人都生活在自己的世界里，作为自己世界的造物主，孩子完全可以把它打造得光明美好。

那么，家长应该如何培养孩子学会从内部、从自身的角度去寻找原因，然后解决问题呢？

当孩子犯错误的时候，家长不要一直问为什么，这样只会让孩子感到有压力，然后找各种借口避免惩罚。这时候家长可以试着问孩子该怎么办，比如：孩子这次考试成绩不好，可以对孩子说："妈妈知道你不想这样的，你也希望自己更优秀，下次我们该怎么办呢？"引导式教育可以让孩子勇敢地面对困难。这样，在孩子以后的人生中，不管遇到什么样的问题，他的习惯性想法都是："该怎么办？现在该怎么做会更好呢？"他会化哀怨为乐观，及时从自身出发，找到问题根源，动脑筋想办法，去找出答案，并且勇于承担责任。

有个学校因为孩子玩火差点儿引起大的火灾。教务处在全校通报要找出制造火灾的人，但是没有人来教务处"投案自首"，后来学校通过摄像头找到了玩火的孩子。而这个孩子是学校一个老师的儿子，学校通知了这个老师，并将监控给这个老师放了一遍。一般情况下，父母会把孩子拉到教务处当着大家的面痛骂他一顿，但这个老师提出先回家处理一下。这个老师回到家看到担惊受怕的儿子后，对他说："我们现在有两种选择，第一种是我们收拾行李快点儿逃跑，但是，现在公安监管很厉害，到处都是摄像头，估计我们跑不远；第二种就是我们一起去学校勇敢面对，听候处置。”孩子选择了第二种。孩子非常诚恳地向校长承认了错误，校长觉得这个孩子承认错误的态度非常好，就原谅了他。在经历这件事情后，孩子不再畏首畏尾，学会了承担责任。通过这件事我们不难发现，其实承担责任并且敢于面对并没有那么可怕。

总之，孩子犯了错误后，家长不要急着责备孩子，适当地引导孩子主动承担错误，这是培养孩子责任感的最好机会。当孩子的焦点从“怨天尤人”改为“解决问题”后，孩子少用一分时间抱怨过去，就多花一分时间改善现状，把时间和精力永远用在如何使自己进步上。孩子就像海洋中漂荡着的小船，而小船需要导航仪引导，家长在孩子成长的过程中，就是“导航仪”。

森田疗法：让情绪自然流动

日本慈惠医科大学森田正马教授在1919年创立了“森田疗法”。森田疗法是一种心理疗法，崇尚心理治疗应顺其自然、为所当为，也就是放弃个人主观认知、顺从客观的自然状态。这个疗法也就是让人们承认不良情绪，但是不追溯不良情绪产生的原因，让情绪自然流动，用行动改变现实生活，通过成功的体验重拾信心，重新适应环境、适应社会，从而恢复与社会的和谐共处。

森田疗法不仅是一种心理疗法，还是一门处世哲学，它注重的不单单是接受自己的情绪和感觉，还有为了达到目标必须采取行动的生活态度。所以这个疗法对每个人的生活和交际都有一定的帮助，比如它能让孩子保持良好的心态、战胜抑郁情绪等。

森田疗法的主要原则就是“顺应自然，为所当为”。

家长不要把抑郁情绪当作是孩子的身心异物，不要对其排斥和抵抗，因为回避和压制都是徒劳的。但是这里的“顺应自然”不等同于“任其自然”或“听天由命”，不是让我们对抑郁情绪放任不管，任其恶性发展。

这里的“顺应自然”相当于佛教和禅宗中的“顿悟”状态，是让有抑郁情绪的孩子认识并体验到自己在现实世界中的存在，体验自己对现实生活的逃避、与现实生活的抗衡都是无用的，这样才能具备一种与现实世界握手言和的生活态度。

不过单凭孩子主观意志的努力，是无法摆脱抑郁情绪的苦恼的，只有通过实际行动，才能使孩子的思维变得更加实际和深刻。这就体现了“为所当为”的重要性。家长需要帮助孩子制订生活目标，让孩子把注意力投向生活中能看到成效的事情上，努力和孩子一起做有意义的事情，这样才能让他们打破“思想矛盾”，逐步建立起从抑郁情绪中解脱出来的信心，让抑郁情绪随着目前所做的事渐渐消散。

高良武久教授是森田先生的得意门生，他根据“顺其自然，为所当为”这八字要义延伸出七种“森田式的生活态度”：端正外表、保持充实的生活、不长期休养、要正视现实、不做完美主义者、在行动中获得自信、不急于求成。

比如，孩子莫名会对一些事或人产生恐惧情绪，越见越怕、越想越怕，当孩子害怕的时候，他要怎么应对呢？这个时候，家长不要在孩子面前强化害怕的观念和感受，也就是不要对孩子说“别害怕啦，这有什么可怕的，这么点儿事就把你吓哭了，你的胆子可真小啊”之类的话，而是要转移他的注意力，让他去做自己想做、爱做的事情，让正面体验神不知鬼不觉地接手负面体验在他内心的存在份额。

森田疗法的治疗结果应该是“不治而治，事实为真”。

有人将抑郁情绪比喻成天上的一片乌云，有时它会把太阳遮住，但是不要过度担心，一段时间之后，乌云就会被风吹散，阳光会再次洒满大地。所以在这个过程中，家长不要刻意让孩子寻求情绪从负面到正面、从悲观到乐观的明显改变，而是要让他的情绪自然流动，使其慢慢地与现实进行交融，当他确认自己所担忧、害怕的事情其实根本就没有存在过或者不会出现的时候，抑郁心理自然就会减轻或者消失。也就是说，孩子从认识自己、觉察自己的情绪开始，然后通过行动，自然地改善情绪体验。

家长要接纳孩子的抑郁情绪，并且做到与孩子一起“为所当为”，哪怕孩子心情低落，哪怕他的学习效率很低，家长该工作就去工作，孩子该学习就去学习，该一起参加亲子活动就去参加亲子活动，不要陷于烦恼和困扰中，如此才能慢慢减轻孩子心理上的负担，陪他一起走出抑郁情绪的牢笼。

第五章

说破无毒：能说出来的痛苦，都将不再是痛苦

生活中学会排解和疏散负面情绪也是一项技能，有的孩子先天不善与人交谈，尤其是谈及自己情感方面的话题时，他们总是扭扭捏捏、三缄其口。这些孩子会把在生活中遇到的烦恼憋在心里，久而久之很容易沉浸在自己的思绪中无法自拔，负面情绪随之而来。

有些事情，说出来就会有转机，说出来就会有改变。当孩子愿意倾吐内心的不快与秘密时，家长不要充耳不闻，也不要着急打断，应该放下手头的事情，先让孩子把事情说完，给他精神上的安慰和支持。这会让孩子觉得家长是愿意听他倾诉的，因此也更愿意说出自己内心的真实感受。

倾诉：
内心被摧毁又重建的过程

“妈妈，今天我们班发生了一件事……”

“好了，总说这些没用的，你要是能把这些心思用到学习上，还愁考试考不出好成绩吗？快去写作业！”

这样的对话经常出现在家庭教育的场景里，孩子的话还没说完，就被父母用这样的方式制止了。然而，当孩子开始少言寡语、不再分享自己的见闻时，家长又开始指责孩子自我封闭。其实，这一切都是家长造成的，是他们亲手把孩子的倾诉欲望扼杀了。

在生活中，我们因为某件事、某个人而感觉到兴奋与快乐时，第一个想法就是告诉亲人或者朋友，这时候特别需要有人一起分享喜悦；同样，我们因为某件事、某个人而感觉到烦恼和痛苦时，也想告诉身边最信任的人，这时候需要有人一起分担痛苦，缓解心里的烦恼。这种把自己内心的真实感受向他人倾诉的行为，是人类的本能欲望。

为什么倾诉如此重要？所有人在面对这个纷繁复杂的世界时，都难免会有孤独无助的时候。比如：学习上遇到困难，工作中遇到挫折，恋爱遭遇失败，家庭遭遇变故，各种各样的打击不断地摧残着人的内心，让人产生倾诉的欲望。每个孩子在学习、成长的过程中，都会遇到让他们困惑或者不满的事情，如果他们不向人倾诉，就会在内心产生情绪冲突，如果不能及时有效地化解这种情绪冲突，就会给孩子的心理带来影响。这种情绪冲突长期得不到排解，还会造成心理障碍。

美国芝加哥郊外有个霍桑工厂，这是一家良心企业，为工人建造了完善的娱乐设施，还提供正规的医疗制度和养老金制度，力求保障工人可以安心工作，没有后顾之忧，然而工人们并没有“安心”，反而表现出消极怠工的不满情绪，工厂的产量因此每况愈下。

从1924年开始，心理学家用两年时间针对这些员工进行了一项实验，他们与工厂中的两万余人进行了谈话，在谈话过程中，工人可以随意表达对厂家的各种意见与不满，心理学家负责耐心倾听，让他们尽情地把不满的情绪宣泄出来。以前，霍桑工厂从未出现过这种顺畅的沟通环境，这项实验为整个工厂打开了一个生机勃勃的新局面。随着谈话实验的结束，霍桑工厂的产值居然有了大幅度提高。

后来，心理学家把这个现象称为“霍桑效应”——人们意识到自己正在被关注或被观察时，会刻意改变某些行为或言语表达，使得努力加倍、绩效上升。霍桑效应也从另一个方面反映出，人们发现自己被关注（有人想听听他们的想法），又获得了发泄内心情感的渠道（有人愿意耐心倾听他们的诉求、尊重他们的情绪）时，就会感到心情舒畅、热情高涨，因此做事就会变得有效率。

可能有家长会问，让孩子主动倾诉真的有这么明显的效果吗？如果父母能够给孩子诉说的机会，经常与孩子谈心，鼓励孩子敞开心扉，让他们说出自己生活、学习中的快乐或困惑，说出自己对家长、老师、同学的看法，那么孩子在说出心里话之后，就会有一种发泄式的舒畅，他们会感到轻松自如，然后就会全神贯注地投入学习中，在生活中、在人际交往中也会表现得更加自信。认真倾听孩子的话语，父母也可以更多地了解孩子，并对孩子不正确的思想与做法及时进行纠正与引导。

其实很多时候，孩子向家长倾诉他的心声，并不是让家长帮他们解决什么问题，而是为了宣泄情绪，同时也希望得到家长的理解和支持，这是他们把已被摧毁的内心进行重建的过程。孩子长期保持这种倾诉习惯，既可以和家长保持良好的亲子关系，同时也有利于他们的身心健康成长。

家长应该拿出十足的诚意对待孩子的倾诉，可以通过肢体语言和眼神来表达对孩子的话很感兴趣。在孩子诉说的过程中，家长不要表现得漫不经心，要与孩子对视，不时地和孩子有一些互动。比如，家长可以这样说：“这么不开心是发生了什么事吗？说来听听。”“原来是这样啊，然后呢？”“结果真是没想到，继续说下去。”家长还可以用一些表达肯定语气的词语作为回应，比如“对”“嗯”等。只有家长表现出对孩子要说的事情感兴趣的时候，他才会为了满足家长的好奇心，毫无保留地说出他深埋已久的心里话。

每天都是“无障碍交流日”

很多父母可能有过这样的经历：自己正在忙于工作或家务，而不识趣的孩子却在一旁叽叽喳喳地说话，几分钟过去了，孩子得不到父母的回应，倾诉的热情逐渐被冷水浇灭，就把说了一半的话咽了回去，然后静静地走开，一个人待着。这样的沟通过程只会让孩子感到心与心之间有重重障碍，进而感到家庭环境无比压抑。

百度搜索“沟通”两个字，官方的解释是：沟通是人与人之间思想感情传递和反馈的过程，以求思想达成一致和感情的通畅。这句话里有两个非常重要的关键词，一个是“传递”，另一个是“反馈”，而最后达成的结果是“一致”和“通畅”。然而在中国很大一部分家庭中，家长和孩子的沟通中存在90%的无效沟通——传递和反馈不足，存在诸多交流障碍。

亲子沟通是一种教育艺术，更是一种解决亲子矛盾的有效方法。父母是孩子的第一任老师，能不能与孩子进行有效的沟通，决定了今后亲子关系的质量和家庭教育的氛围，也影响着孩子未来的心智发展。换言之，家长和孩子进行有效沟通是每个家庭必须要建立的教育根基。有效沟通不是孩子单方面的表达，而是一种良性的双向沟通，即父母的表达，孩子会认真听，孩子的表达，父母也会认真听。

那么，在家庭教育中，父母应该如何和孩子进行有效沟通、避免无效沟通呢？在沟通过程中，家长应该注意什么？亲子间的沟通又该如何提高沟通效率呢？

有时候，孩子在诉说某件事时，虽然他表现得云淡风轻，但他的内心却满是沮丧和不安。例如，孩子说今天不想上学，很多父母可能直接训斥孩子想偷懒，却没有耐心探寻，孩子为什么不想上学？他说这句话时是什么样的心情？

不知道你有没有发现，面对孩子的倾诉，很多父母会把自己放在一个居高临下的位置，他们好像并不关心孩子说什么，只是摆出一副过来人的姿态和表情，脸上仿佛写着：多大点儿事，不值一提。换位思考一下，如果你在说话的时候总是被人打断或者别人根本没有认真听，你的心情会不会很差？你是不是觉得自己没有被尊重？你心里应该在想：“我说的话，你到底有没有听？太没有礼貌了。”孩子虽然年纪小，但是感受都是一样的。

还有一种相反的情况，孩子本身并不在意这件事，但倾诉的时候明显带着情绪，然后父母会给这些带有情绪的话附加价值，强行改变孩子想要表达的东西。这会让孩子产生不好的沟通行为，比如敷衍、打断，甚至会与别人争吵不休，在这种情况下，孩子可能不会心服口服地接纳父母提出的建议。

一个叫彤彤的女孩找妈妈诉苦：“妈妈，我把橡皮借给同桌，结果她故意把有花纹的一面抠掉了，我好讨厌她啊！”

等她说完，妈妈也生气地说：“这女孩怎么这么烦人呢！”

妈妈说完，爸爸跟了一句：“我问你平时喜欢跟谁玩、谁是你最好的朋友，你说是你同桌！真搞不懂你是怎么选择朋友的。”

彤彤听完，又气又急，眼泪汪汪地冲着爸爸吼了句：“哼！我的事不用你管！”然后，她生气地躲回了自己的房间。

爸爸的意思是：既然同桌不怀好意，那彤彤就不应该跟她做朋友，可心思单纯的彤彤也许只是想抱怨一下，并没有严重到要和同桌绝交的地步。像彤彤和爸爸这样的沟通障碍，其实生活中随处可见。

孩子的心思看起来可能很复杂，但是只要我们用心倾听孩子的诉说，就一定能察觉到孩子的潜在意识。如果双方都能尊重和接纳对方的想法，两个人的关系就会公开透明，也会沟通自如，对彼此敞开心扉，再加上正确的沟通方式，我们就可以享受每天都是“无障碍沟通日”的家庭幸福。

深度沟通：探究孩子的真实需求

深度沟通，从字面上解释，“深”指的是触及双方的信念价值观，“度”指的是尊重彼此的界限。“沟通”是使用合适的语音、语调、语速、语气与身体语言，倾听对方说话，并做出回应。从专业角度讲，深度沟通是一种以引导为主的心灵内观技术，其终极目标是为了让一个人找到终极的哲学问题——“我是谁”的答案。用通俗的话来讲，这就是让一个人认识自己的真实内心，看清自己的方方面面，然后由内而外地完成自我救赎。

很少有人从一开始就是为了找寻终极答案才与人展开深度沟通的，绝大多数的人是因为在生活中遇到了困惑和痛苦，比如因为孩子成绩不理想、家庭不和谐、亲子关系僵化、社交关系困扰等，为了缓解内心的焦虑、探究内心的需求，于是想要与人进行深度沟通。

在平时的亲子相处中，家长需要兼顾工作和家庭，孩子需要应对作业和考试，家长和孩子已经有多久没有坐下来深度交谈了呢？家长内心都被封闭在每天的日常琐事中，难得与孩子交谈一次，却可能是一言不合、不欢而散的结果，备受打击的彼此，也渐渐习惯了相对无语、相安无事，躲在各自的安全空

间里互不相扰。

然而生活的本质就是混乱的；冲突，也只不过是在表达一种诉求。当孩子因为你的苛刻而抑郁时，因为你的过度关心而抵触时，因为你的专制而对峙时，甚至因为你的决定而抱怨时，这些让你下不来台的时刻，其实就是为了让你明白——他们，只是在表达自己的需求，并不是不爱你。

那么家长应该如何让孩子展示出他的真实需求、拉近亲子之间的心灵距离呢？我们可以和孩子保持睡前卧谈的好习惯，用深度沟通的模式与孩子进行对话，帮助孩子处理情绪问题。

以妈妈和孩子在睡前展开的一段对话为例。妈妈从数据导向的提问开始："今天印象最深的事情是什么呢？"

孩子回答妈妈："今天是一次消极的体验，我的卡片被同学弄丢了。"

在这个时候，孩子已经启动了理性大脑，在准备解决方案。此时父母不要给孩子任何建议，因为建议有时候也是一种评判。仔细想一下，父母之所以会给孩子建议，是因为他们并没有完全接纳孩子。

“丢了东西，你的心情一定不太好吧？”妈妈关切地问道。

儿子哭着说：“是啊，我特别伤心。”

妈妈安慰道：“如果是我，丢了喜欢的东西，肯定和你一样难过。”

每件事情的背后都有一个礼物，那个礼物就是智慧和爱。家长在关注数据的时候，也应该关注非常重要的“感受”。“感受”是这些数据背后相应的情绪，同理心的背后是接纳，当家长与孩子产生了精神层面的“接纳”，才会激发孩子更强的倾诉欲望。在这个过程中，其实家长也是在培养孩子直视情绪和处理情绪的能力。

之后，家长可以对其进行价值导向的提问：“那么，从这件事里，你学到了什么呢？以后再遇到这类事情，你会怎么做呢？”

儿子回答妈妈：“我以后要好好保管自己喜欢的

东西。”

“还有呢？”妈妈继续引导，“其实，就算丢了，你还有其他卡片，比如，课上老师还会奖励你卡片，你也可以自己画一张。你现在心情怎么样？”

“现在没那么难过了！”

看着心情好起来的儿子，妈妈很欣慰地说：“虽然你丢了心爱的卡片，但你收获了更多的办法，这真是一件好事呢！”

父母需要有正向思考的能力，以便帮助孩子从一件事中提取出价值。需要注意的是，家长不要表现出太强烈的控制感，否则提问就会变成质问，孩子就会想逃离，或者产生对抗情绪。

通过一次循循善诱的深度沟通，孩子会自动将这些负面情绪和错误的观念从内心深处剔除出去，清理掉这件事对他造成的不良影响；经过多次的深度沟通，家长不断让孩子认识真实的自己，他们对人生过往及当下发生的人和事都会产生与以往不同的认知，也会明白如何才能更好地活在当下。

告别自闭：
寻求别人支持的重要性

我们在生活中发现，有些原本天真活泼的孩子，现在频频拒绝与别人沟通，总是不愿意和父母多说话，能自己做到的事情，绝对不会请别人帮忙，即便遇到自己解决不了的事情时，他们也不去寻求别人的支持和帮助，什么事情都一个人想、一个人做，这种“独立”的个性让孩子变得越来越自闭、抑郁。

比如，孩子放学后，因为上课没有好好听讲，不太确定今天留了哪些作业，在询问老师还是求助同学之间犯了愁。他想：如果询问老师今天的作业是什么，老师那么忙，会及时回复我吗？而且一问老师，老师就会知道我上课没有专心听讲，肯定要批评我一顿，还会告诉家长，双重批评，太可怕了，何苦给自己找麻烦呢。他又想：如果去求助同学呢？求助学习好的同学，我和他们又不熟，不太好意思开口呀，他们会告诉我作业是什么吗？求助平时玩得好的朋友，他们对学习的事情也不太上心，成绩还没有我好呢，能准确地告诉我作业是什么吗？……孩子想得很多，顾虑也很多，最后思来想去，还是在左右为难中叹了一口气，决定硬着头皮依靠星星点点的记忆力瞎写一通，就此关上了寻求帮助的大门。

孩子的心理模式可能是：源于“自我价值低”（我学习不好，老师不喜欢我，同学也不亲近我），认为“我不应该麻烦别人”（求助不仅不会带来好结果，反而会带来批评和嘲讽），所以选择“自我独立”（我不值得人家帮助我，迎难而上，硬着头皮做吧），感到“迷茫无助被忽视”（果然没有人愿意帮助我，幸亏我当初没有开口求助，不然肯定会被冷落、拒绝），陷入“我感觉很孤独，也很辛苦”的状态中。这是一个内在冲突的情感闭环。

就这样，孩子把所有的勇气都用在了与困难的抗衡中，却拿不出一丝一毫的勇气去请求别人的帮助，因为羞于开口而错失了解决问题的良机，令自己不断陷于盲目与困惑之中。这番举动传递给别人的心理暗示是“我什么也做不好，你们有事别找我，找我，我也不会提供帮助”。慢慢地，孩子与朋友、家人处于一种“你不说你的难处，我也不问你的状况”的互不相扰状态，和谐健康的关系也变得生疏、冷漠，人际情感交流不复存在。究其根本，导致孩子出现自闭心理状态的核心障碍其实是社会交往障碍，也就是缺乏与人沟通的交流性语言。

家长要想打开孩子的心结，第一步要让他明白以下内容所涵盖的事理：寻求别人的支持和帮助既不是给别人添麻烦，也不是示弱，而是正常的人际交往能力的体现。根据“本杰明·富兰克林效应”，想要迅速拉近双方的距离、获得别人的好感，可以使用寻求他人帮助的方法。研究显示，曾经帮助过我们的人会更愿意再帮我们一次，联系频繁之后，情感连接就会变得紧密；从这些帮助中，孩子可以受益，无论是精神上的、物质上的、资源上的，特别是在他陷入困境的时候，如果有人能雪中送炭，孩子就会更快地走出困境，减少损失的同时获得新的成长。

第二步，我们再帮助孩子走出以下这几个思想误区。

误区一：觉得别人帮助自己，就是代表对方比我强。

俗话说“闻道有先后，术业有专攻”，别人在这方面比你有优势、有经验，你在其他方面也可能比他更擅长。家长要让孩子认清自己的价值，重视自己的存在，信任自己的能力，请用“我也有能力帮助别人，我是受欢迎的”代替以往“我是无能的，我是被忽视的”的观念。

误区二：害怕被拒绝。

家长要让孩子明白想获得帮助，必须掌握主动权，把自己的想法和要求都提出来，之后，对方愿意帮你是情分，不愿意帮你是本分，结果无须强求。只要孩子能用平常心对待，就不会再怕被拒绝，而且，也不一定每个人都会拒绝他。

误区三：只顾满足自己的需求，不考虑别人的感受。

很多孩子对求助这件事持有一种执念：既然我已经勉为其难地开口了，对方就必须做到做好，如果他不能完成“任务”，我会感到很失望。实际上，帮助与求助是一件互惠互利的事情，不应该是对方单方面的付出与自己的无度索取。就像借钱一样，求助也讲究有借有还，实现良性互动。向别人求助前，孩子应该先问问自己：“他为什么要帮我？我应该怎么回报他？”常怀感恩心，才能走顺畅路。

误区四：麻烦别人不懂分寸，不控制次数。

凡事都怕过犹不及，寻求别人的支持和帮助也要适度，千万不要得寸进尺或强人所难，否则这种依赖习惯与依附关系容易弄巧成拙。因为没有人喜欢整天被人要求做这个做那个，不停叨扰别人的生活、牵制别人的行动，只会让对方产生反感情绪，到了那时候，即便是举手之劳，对方也会拒绝。

告别孤独：与人建立牢固的情感联结

城市化的进程使我们的生存环境发生了巨大改变，也限制了孩子们的交友空间和交往过程中的安全感。我经常听到一些家长说：“我家孩子有点儿不合群，出去聚会时，他只喜欢一个人待在一边，自己玩自己的，别的孩子和他说话，他也不怎么理睬。”虽然很多家长有些担心孩子的社交能力，想为孩子创造良好的交友环境，却因为工作忙碌无暇陪伴，或是担心孩子会被“坏孩子”影响，所以极力为孩子营造“安全的环境”，而最终选择将孩子困在厚重的防盗门内。

孩子每天放学回到家，距离睡觉有好几个小时的时间，要么自己一个人玩，要么大人在边上看着他一个人玩。可能很多家长会陪着孩子一起玩，这些家长以为自己给孩子足够多的爱，就可以弥补孩子没有玩伴的遗憾。然而由于长期不接触不同人群，孩子一旦进入有很多陌生人的环境就会感到害怕、拘束、不自在，甚至想逃避。而且孩子在与家人的交往中，往往会被过度关注，逐渐形成了以自我为中心的性格。当我们总是在第一时间满足孩子的任何要求时，他便很难理解什么是奉献、互助与合作，他和别人发生冲突时，就会手足无措，完全不知道应该怎么样解释、包容、妥协与和解。

这就导致现在越来越多的孩子体会着深刻的孤独，他们的世界中只有家人，没有几个可以分享心事的玩伴，于是他们把所有不能对家人言说又无处言说的心事都藏起来，越发抑郁。

一直以来，众多的社会科学家和心理学家都把亲子关系的研究放在第一位，以至于忽略了孩子与同龄人之间的关系。教育专家徐国静曾经说过：“从空间上来说，成人的思维很现实，被现实生活中琐碎的事情困扰。孩子的思维，幻想多于现实，他们沉浸在自己的想象里。孩子与同龄人在一起，时空是一样的，思维碰撞不会错位，游戏的投入程度一样，我们可以看到，从心理、生活、时空上，孩子与孩子交往的欢乐，得到的成长营养，是无可替代的。”在交往过程中，孩子获得了情感上的支持和认同，有了比家长更理解自己的知心朋友，心事有了听众，情绪也就有了出口。即便他们在交往中有各种冲突，也可以通过教训正视自己的弱点，继而找到自己的价值。这些“成长的礼物”都是在家庭中无法获得的。

中国青少年研究中心副主任孙云晓也说过：“再好的父母都不能代替伙伴的作用，孩子是在与同伴交往中长大的，这帮助孩子完成社会化的过程。”孩子与同伴的交往是一个互相学习的过程，他们获取的知识储备与社会技能往往不是听来的，而是观察来的，他们通过朋友来认识自我、形成对社会的认识、形成团体的归属感。比如，小明摔伤了，那我得注意了，我这么做，也会摔伤；小丽被批评了，那么我就会知道这样做是大人不允许的……

那么，家长应该如何帮助孩子告别孤独、与朋友建立情感联结、享受友谊的快乐呢？

首先，家长要转变观念，承认孩子需要朋友，同时相信孩子可以交到朋友。家长们有自己的朋友圈，而孩子也同样需要这样的朋友圈，不要再让孩子一个人感受孤独，有时候朋友和家人一样，都能在人生道路上陪伴他们。

其次，家长需要鼓励孩子积极交往，让孩子接触更多性格不同的孩子，这样才能通过选择与磨合，拥有合乎自己心意的伙伴。家长要有意识地为孩子创造交友条件，告诉孩子要真心对待朋友，教会他基本的社交礼仪。如果孩子的年纪比较小、学业不繁重，家长可以安排孩子在每天写完作业后出门和朋友玩一会儿；也可以邀请一些朋友、同事家的孩子在假期时来家里做客，或是带孩子参加一些团体活动。假如孩子有自己的兴

趣和特长，也可以利用这些共同点来结交一些兴趣爱好相同的朋友。

注意，有时候孩子可能不会主动出击，这时候也许需要家长来为孩子牵线搭桥，但要注意扮演好自己的角色，不要揠苗助长、强人所难，强迫孩子与谁做朋友，这样只会让他更加抗拒社交活动。

再次，家长需要引导孩子合理使用语言与别人沟通。家长可以设计一些轻松的游戏活动，帮助孩子找到与人相处、团结合作的方法，进一步提高孩子的社交、语言及感知能力。比如“过家家”游戏，这是一个可以根据孩子的兴趣进行角色扮演的互动游戏，也可以根据故事情节进行人物扮演。孩子们通过一起做游戏，增强交流与合作，让孩子体验游戏中的不同角色，对每个角色都能有深切的体会，从而激发他们想要交流的兴趣，提高孩子的口语表达能力。

最后，在孩子遭遇人际挫折时，家长要给予支持和鼓励。当孩子向家长倾诉他和朋友之间的趣事或矛盾时，家长一定要认真倾听，并给出回应，这会让孩子觉得他努力经营的友谊是被重视的、有价值的，他也会更加积极地去结交新朋友、善待老朋友。如果孩子在交友时遇到了困难，产生了畏难心理，家长要及时了解孩子退缩的原因，给予心理疏导，为他鼓劲加油。

另外，家长还应该尊重孩子的“幻想朋友”。心理学家发现，有25%的9岁以下孩子至少有一个“幻想朋友”，其中独生子女更容易拥有“幻想朋友”。孩子们创造出的“幻想朋友”有着生动的形象，可能是人，也可能是动物，这些“幻想朋友”会和他们一起吃饭，一起睡觉，甚至一起生病，或许还拥有“超能力”。专家认为，孩子拥有“幻想朋友”，对于他们的成长来说是有益的，父母要尊重孩子的“幻想朋友”，并试着理解他们。

第六章

接纳自我：为孩子的个性价值持续赋能

西方哲学中有一句箴言，“只有把自己视为天使，你才能战胜所有的心魔”。我们不完美，我们有缺陷，生活又充满了未知，孩子由此产生悲观、失望、自责、自卑等心理都是很正常的。抑郁痛苦的根源在于不能正确看待自我、看待世界，找不到两者之间和谐的衔接方式，最终逐渐将自己孤立起来。

愿每个孩子都能学会接纳最真实的自己，温柔地包容自己人生中遇到的所有挫折，将内心打造得坚不可破。正确认识自己、善待自己，是他们当下最应该做的事情。

自卑会削弱情感免疫系统

和成年人一样，孩子都渴望被别人肯定、尊重，拥有很强的自尊心。如果在成长过程中，孩子形成了自卑的心理，就会出现以下倾向：

他们面对自己的时候，反复激活内心的“比较系统”，觉得自己任何地方都比不上别人，否定自己的价值，总认为自己是弱势群体；自我评价过低，目光总是着眼于自身的缺点与不足，却看不到自己的优势与长处。

他们面对别人的时候，变得怯懦，渴求被关注，却又担心被过度关注，说话时不敢直视别人的眼睛，丝毫没有自我表现的欲望；变得敏感，别人的一句玩笑话也能让他们胡思乱想很

久，内心产生激烈冲突，怀疑别人厌弃自己；典型的讨好型人格，很容易被操纵，偶尔表现出对爱的渴求，想通过外界的力

量来填补内心的空虚，取悦别人让他们感到舒适；无法接受赞美，别人赞美自己反而觉得对方是在挖苦自己、打击自己。

他们面对拒绝的时候，一方面觉得是因为自己不够好，在人际关系中遇到的所有不公平待遇都是应得的，另一方面又容易受到伤害，就连微不足道的拒绝都有可能对他们造成致命的打击；同时在自我保护机制的作用下，他们又倾向于通过远离别人来避免被拒绝，所以导致人际关系的逐渐疏远，甚至宁愿自我封闭。

他们面对困难的时候，想法悲观，缺少活力，总是质疑自己的能力，习惯性地根据自我评价设想事件的经过和结果，总是担心“万一做错了怎么办？万一搞砸了怎么办？万一失败了怎么办？”，所以做事时患得患失，畏首畏尾，优柔寡断，而且还不敢找别人帮助。

他们面对失败的时候，会攻击自身，夸大负面反馈的影响，容易觉得一切都是自己的错，为此感到羞耻、内疚、自责和焦虑，而且想要毁灭失败存在的痕迹。

未来的人生路上，孩子免不了会遇到许多挫折和困难，难道要让他们带着这些自卑情结不战而败吗？孩子的自卑经常是波动性的，如果只是陷入短暂的低落期，这种情况并不需要太过紧张，因为这种情绪会迅速恢复。但强烈的自卑感容易导致抑郁情绪，也会给现实生活带来诸多问题。如果孩子的自尊心经常受到挫伤，这个时候家长一定要采取措施。

首先，注意并改变自己的说话方式和说话内容。

比如当孩子考试没考好的时候，家长不要急着训斥孩子，说教和评判往往于事无补，反而让孩子认定自己学习不好的原因是“我不行、我不好、我没有价值”，这样做只会加重孩子的自卑心理。家长要接受一个简单的事实，在想斥责孩子的时候，请事先提醒自己：“孩子现在正是情绪免疫系统脆弱的时候，我应该尽量帮助孩子增强免疫力，而不是摧毁他的免疫系统。”

其次，提升自己的宽容度，多去赞扬孩子。

当自卑的孩子出现难以接受他人的赞扬和正能量、批评和消极的反馈反而让他们感觉更自在的时候，家长们就应该警惕了。如果孩子不能接受别人的赞扬和肯定，那么他们的自我价值将不断被降低，不断证明自己的一无是处，他们接受这种设定时，就意味着已经放弃了自己。

此时，家长应该把目光放在孩子的长处上，张开怀抱拥抱孩子，通过语言表达对孩子的赞赏和肯定，增强他们的情感系统免疫力，积极重塑他们的信心，让孩子打开久闭的心门，试着去接纳别人的赞美，不要去想这些赞美的背后有多少真实成分，顺其自然地接受就好。

著名发明家爱迪生小时候被学校以有“智力缺陷”为由劝说退学，他的妈妈却告诉他，不能再去学校上学是因为学校没有能力教他这样的天才，只能在家让父母教。妈妈保护了爱迪生的自尊心，让他在困难面前依然可以昂首挺胸，而不是质疑和否定自己。

家长对孩子的支持、信任、肯定、赞美越多，孩子的自卑感就越弱，他也会越来越自信。孩子从负面情绪中走出来、进入一个良性循环时，就可以用自控能力牵制住自卑情绪，继而正确地认识自我，自然就不会再产生自卑心理。父母无法一辈子为孩子保驾护航，只有培养他们自立、自信、自强的人生态度，让他们一点点证明自己的价值与能力，才能让他们用最强大的内心抵御风雨。

取悦别人，
不如取悦自己

现实中有太多的孩子不是为自己而活，他们总是按照别人的标准去衡量自己，对人际交往存在误解，将取悦别人放在首位，自己则永远排在末位，或者永远也排不上。他们根据别人的观点、怀着别人的期望过自己的生活，时常表现出一种“低价值感”——“我不值一提”“我不重要”“我不够优秀”“我不配拥有”“我不值得被爱”。自卑的本质，正是来源于这种对自己的不接纳。

他们认为自己没有什么地方可以吸引别人，不值得被人夸赞，反而因为自卑带来的不安全感，让他们不得不注重别人的感受，在他们的潜意识里，只有取悦别人，才能找到存在感，他们期待着别人的认可，以此来证明自己的能力和存在的价值。

他们觉得别人的爱和关注都是需要“条件”的，比如只有当他们听话时，父母才会表扬他们，只有自己够“懂”他们的需求，并迎合他们的期望，才不会被孤立、被抛弃，才能够得到爱和关注，以为自己一味地迁就、讨好，就可以改变自己在别人心中的地位。

他们总是用低人一等的姿态活在别人的眼色当中，很害怕拒绝别人，更害怕自己给别人添麻烦，所以对父母言听计从，对朋友从不拒绝，即使对方的要求不合理、自己的能力达不到，也会硬着头皮去做，用自己的“善良”和“包容”成全别人、委屈自己。与此同时，他们却在不知不觉中忽视了自己内在的声音、内心的感受，忘记了自己到底需要什么、想要什么，不愿或不敢表达自己的负面情绪，导致自己的快乐都要经过别人的评判，就连来之不易的幸福也变得敏感又脆弱。

前段时间，我在知乎上看到一篇文章，一个13岁的男孩要去参加学校组织的秋游活动，妈妈担心背包里东西太多，他背不动，就只装了少量的食物，然后给了孩子20元钱，让他到了目的地之后再去买水。孩子参加完活动回到家，刚进门就大喊：“我好渴啊，我好饿啊！”妈妈很不解，20元钱明明可以买到很多瓶水，按理说孩子不应该渴成这样。询问过孩子后，她才知道，20元钱确实全部用来买水了，只是孩子自己一口都没喝到。男孩这样解释自己如此做的原因：“有几个同学问我以后还要不要做朋友，如果想做，就给他们买水。我不想大家以后都不理我，所以把买的水全部给了他们。”妈妈听完孩子的话，既难过又心疼。

这个小男孩，为了保住与同学之间的友谊，选择了委屈自己，但是他根本不明白，一味地取悦别人，并不能赢得别人的称赞和友谊。小男孩完全可以拒绝这些同学，或者至少在与同学分享的同时，也照顾一下自己的感受，给自己留一瓶水。

孩子最简单，也最纯粹，情绪全体现在脸上，开心就笑，难过就哭，喜欢就要，不喜欢就拒绝……但如果孩子从小就形成了“讨好”型人格，变成了家长眼中的乖宝宝，过分在意别人的眼光，压抑自己本身的感受，很少表露自己的想法，那么，孩子以后的人生该有多悲哀？

遥遥今年上小学二年级，她的爸爸妈妈在三年前离婚了。遥遥一直都很乖巧、懂事，常常是很多家长夸赞和羡慕的对象。可是，就在前几天，遥遥的妈妈给遥遥洗澡，帮她脱衣服的时候，发现遥遥的裤子湿漉漉的。妈妈再三询问后才知道，原来女儿在学校时情急之下尿了裤子，因为害怕被老师和同学嘲笑，就一直没敢起身离开座位，整个下午她都无心听课，祈祷着裤子可以在放学之前干了，终于在担心自己会被老师、同学发现的恐惧中等到了放学的铃声。

妈妈不理解女儿的行为，一再追问：“为什么不早点儿去厕所，为什么不敢告诉老师？”遥遥在妈妈的逼问下越哭越惨，没办法才坦白，因为当时是一节公开课，每个同学举手发言的次序都是老师提前安排好的，她怕自己举手上厕所打破规则，老师会因此责备她。

妈妈看着唯唯诺诺的遥遥更生气了："那你为什么回家了还不换裤子？"

遥遥胆怯地低着头回答："看你一直都在忙，不想给你添麻烦，也害怕你知道了会生气。"

那件事之后，妈妈想了很久，自从她离婚后，遥遥不管做什么事都是尽可能地"不给别人添麻烦"，为了获得大家的肯定和接纳，她一直在牺牲自己的感受来讨好身边所有人。妈妈还想起遥遥经常小心翼翼地问她，比如"妈妈你会永远和遥遥在一起的，对吗？""妈妈你永远都不会离开遥遥的，对吗？"。然而，在这种"懂事"的外壳下，遥遥暗藏着担惊受怕的"自卑"。在爸爸妈妈没有离婚之前，遥遥曾经也是个令人头疼的"熊孩子"，之所以会变得那么"乖巧"，主要还是因为爸爸妈妈离婚了。父母离婚之后，遥遥变得越来越沉默，每一件事发生后，她都在反思是不是自己哪里做得不够好。她学会了察言观色，学会了取悦别人，学会了如何迎合妈妈，在遥遥心里，她这么做只是希望妈妈不要离开自己。

在这些取悦别人的孩子心中，讨好和迎合其实是内心感觉不到被需要，为了满足别人的需求、照顾别人的感受，孩子不断放弃自己的需求、压抑自己的感受，不断伤害自己。慢慢地，孩子变成一只陀螺，不停地围绕着别人旋转，终有一天，孩子会轰然倒下。

奥地利精神病学家阿尔弗雷德·阿德勒在《自卑与超越》一书中提出："人是需要这种尽管被讨厌，但还是敢于做自己的勇气，这样才可以逃脱无法做自己的羞耻感，获得真正的幸福。"

我们教会了孩子如何爱父母、爱老师、爱朋友……却很少教育他们应该如何爱自己，似乎他们爱自己，就会被别人扣上一顶"自私自利"的帽子。家长想要孩子改变这种取悦别人的行为，让他们能更好地爱自己，并不是一件容易的事，可能需要很长时间。比如家庭相处模式的变化、环境的接纳程度等，都很难在短时间内发生改变，不过我们可以先从以下两个方面入手，慢慢改善。

第一，承认并了解自己正在取悦别人。孩子必须意识到自己正处于通过取悦别人来肯定自我价值的模式中，可以列出自己在何时何地以何种方式取悦过别人、当时的感受和最终的结果如何，以此帮助自己分析当初为什么要那么做、出于什么心理与目的，继而警示自己以后碰到相似的情形时要及时“收手”。

第二，孩子要学会遇事多顾及一下自己的需求、利益和感受，也要明确自己的界限与底线，必要时候将它们放在第一位。从简单的小事开始，家长让孩子问问自己想要什么，试着察觉自己的真实需求，当别人的不合理请求与自己的利益出现冲突时，孩子要理智客观地权衡利弊，该拒绝的就拒绝，拒绝是每个人的天生权利，要拒绝得干脆、有底气，而且无须过多解释，更不需要感到难为情、恐慌或愧疚。或许你只要说出“我不想，我不愿意，我无能为力”，就可以让自己的身心重获轻松。

请家长让孩子记住，“别人如何对待你，都要经过你的允许。你表现出不卑不亢的姿态时，反而会赢得更多的关注、尊重和认同”。

巴纳姆效应：
摆脱环境的负面暗示

保罗·约瑟夫·戈培尔说过：“谎言重复了一千遍，就会成为真理。”这句话充分体现了负面心理暗示的作用。

上次我和朋友聚会，闲聊时说起了学生时代的学习成绩，有一位朋友说他在上初中时，英语成绩是最好的，数学成绩是最差的，数学也是他最讨厌的一门课程。其实他在学英语的时候并没有太上心，反而是数学，他花了特别多的精力去学习，却依然学不好。按照他在英语和数学上的付出，本应该是数学成绩高于英语成绩，为什么数学考试结果却是事倍功半呢？

他的父母经常在亲戚朋友面前夸赞他的英语成绩，家长的正面心理暗示给了他信心，因此我这位朋友一直都以为英语是他的强项，在学习英语的时候可以轻松地学习，成绩一直很好。相反，父母在辅导他数学时，总说他学习不认真、答题太马虎，每次他想好好学数学的时候，就会想到父母骂他笨、说数学这个学科不适合他的那些话，慢慢地，他就真的认为自己确实学不好数学，后来这些话也成了他学不好数学的“正当”理由。

这种情况一直持续到高中，在一次偶然的情况下，他解出了一道班级里没有人能解出的数学难题，老师当着全班同学的面对他大加赞扬。后来大家都把他称作数学天才，陆续有一些同学请他帮忙讲解数学题，他对数学居然越来越感兴趣，成绩也越来越好。他说，如果当时没有老师的表扬、同学的鼓励，也许他到现在都会认为自己没有学习数学的头脑。

很多孩子就是在这种批评式的教育模式下成长起来的。

批评式教育之所以根深蒂固，大概有两个原因，第一个原因是家长出于本能想表达自己的无奈与不满情绪，另一个原因是家长认为只有指出并强调孩子的缺点，孩子才有充足的动力和意识去改正错误。例如，父母斥责孩子说谎，其实是想让他以后可以变得诚实；斥责孩子懒惰，其实是想让他以后可以勤劳一些。适当的批评可以让孩子意识到错误并改正，但是现实生活中往往会出现适得其反的情况，这些消极负面的暗示会成为孩子心灵的腐蚀剂，潜移默化地让他们的情绪变得低落、性格变得自卑，尤其是在与本就有抑郁情绪的孩子的沟通中，来自家长、老师、同学的负面心理暗示，比如一些下定义似的话语，通常会给孩子贴上不好的标签，固化孩子身上的一些缺点，然后它们的影响力会不断扩大，逐步转化为孩子的自我认识。这种因为他人的评价而主观带入自身并加以验证与确信的心理反应，被称作“巴纳姆效应”。孩子相信某个人或某件事给出的负面评价时，就会从心理上渐渐地认可，把它当成完全正确的信息，深信不疑地认为自己就该如此，不断地让自己往这个不好的标签上靠拢，让抑郁的心理状态雪上加霜。

孩子就像是父母的一面镜子，父母向孩子呈现出来什么，孩子就会显现出来什么。因此，家长在与孩子的沟通中，如何正确地运用语言就显得尤为重要，应该尽可能地少用或者不用消极负面的暗示，多用积极正面的暗示，进行合理且适度的夸奖，这样可以帮助孩子树立自信心、提高他们的抗压能力。

之前我听过一个小故事，一位母亲第一次参加幼儿园的家长会时，老师说到她的孩子：“您的儿子在凳子上连三分钟都坐不了，建议您带他看下医生，看看他是否有多动症。”这位母亲看着老师不屑的表情，想到全班这么多小朋友，只有她的儿子表现最差，她感到难过不已。在回家的路上，儿子问起家长会的情况，想知道老师是怎么评价他的，看着儿子期盼的眼神，她告诉儿子：“老师表扬你了，说宝贝刚上幼儿园的时候在板凳上坐不了一分钟，现在都能坐三分钟了，全班只有宝贝进步了呢！妈妈为你感到骄傲。”那天晚上，她的儿子破天荒地没有让她喂饭，自己吃了一大碗米饭。

后来儿子上了小学。在一次家长会上，老师

说:“这次数学考试，您儿子考了班里倒数第一，您要不要带他去医院做下检查，看看他智力上有没有障碍。”回家的路上，她流下了眼泪。然而，她回到家里看到坐在桌前的儿子时，却对他说：“老师夸你不是笨小孩，只要细心一些，就能名列前茅，妈妈对你充满信心。”本来儿子的眼神很黯淡，他听到妈妈说的话后眼睛一下子亮了起来，原本沮丧的脸也一下子铺满了笑容。第二天，儿子早早起床，上学比平时积极了很多。

孩子上了初中。参加家长会时她已经做好了心理准备。她从进入教室起就一直等着老师对儿子点名批评。然而，直到家长会结束，她都没有听到儿子的名字。她很诧异，临走前去问老师，老师告诉她:“以您儿子现在的成绩，只能考普通高中。”她既惊喜又兴奋，在回家的路上，牵着儿子的手，心里有种说不出的感动，她告诉儿子:“班主任说了，只要你继续努力，考重点高中没问题。”

儿子高中毕业了。等她的儿子从学校回来，把清华大学录取通知书交到了她的手里时，她和儿子同时哭了。妈妈说：“我的儿子真优秀，报考前，我就相信你能考上这所学校。”儿子边哭边说：“我一直都知道我不是个聪明的孩子，是您一直鼓励我，让我有信心变得更好。”

孩子很容易被周围环境所影响，一个生活在赞美环境中的孩子，记住的永远都是自己的优点；一个生活在责备环境中的孩子，记住的也只能是自己的缺点，一个从没听过表扬的孩子，又怎么能知道优秀是什么样子呢？这个故事中的妈妈用正面暗示鼓励孩子，给予孩子源源不断的信心，最终让他凭借自身的努力成了一个优秀的人。

所以，家长应该对孩子多一些包容，用鼓励的方式去引导孩子，也许会有意想不到的收获。假如孩子在学校因为一点儿失误被老师批评了，他们可能会下意识地想：我什么事情都做不好！这时家长就应该安慰孩子：“宝贝，很多事情你都做得特别好，这件事情只是一个小失误，并不能代表你的能力，我们想办法改正，以后就会做好了。”

家长想让孩子摆脱环境的负面暗示，重拾快乐和自信，还有以下两个小窍门。

第一个窍门：主动搜集正面且积极的外部信息。

有这样一则小故事：假期里替人割草的孩子在工作结束后给雇主打电话，问道："请问您需要请人为草坪割草吗？"

雇主回答："不需要，我已经雇了割草工人。"

孩子继续说："我可以拔掉所有杂草，把草坪修整得非常整齐美观，让您的草坪成为整个社区最棒的草坪。"

雇主说："帮我割草的那个孩子已经把这些都做好了，他做得非常棒，所以我并不需要新的工人替代他。"

孩子的哥哥感到不解，于是问他："你为什么要打这样的电话？完全没有意义呀。"

孩子笑着说："对我而言，这通电话很有意义，我非常想听到雇主在别人面前是如何夸奖我的。"

可见，主动搜集正面且积极的外部信息，可以让孩子提升自我评价值，全面发挥他们的潜能，令他们的人生健康顺利。

第二个窍门：把负面评价放在与谎言同等的位置上。

这个窍门的具体操作方法是：你先回想一件令你感到自卑、抑郁的负面事件，可以是别人对你的批评和指责，也可以是自责、自省，把那些负面评价再次说出来；然后你再想一个令你感觉非常不值得信任的人，这个人曾经对你说过谎，伤害过你的情感、损害过你的利益，努力回想他是如何欺骗你、玩弄你、伤害你的；最后你要感受他说谎时的样子，再感受之前的负面评价，想象出一个场景，让负面评价从他的口中说出来。

如此反复数次，慢慢地，孩子就会用对待谎言的方式对待这个负面暗示，然后他就有了分辨能力、批判能力与反抗能力，也会在这个过程中找回自信与自尊。

自我关怀的力量：
教孩子学会应对自我批评

当孩子产生抑郁情绪的时候，有一种无价值感会让孩子感到异常焦虑。孩子的无价值感是从哪里来的呢？如果仔细观察，家长不难发现，它源于孩子无休止的自我批评——“果然我什么都做不好，确实和他们说的一样，我一事无成，某某某，真是一个废物呀！你太不争气了，学习不好、长相不好、身体不好、人缘不好，没有一样能比得上别人，我不知道自己活着有什么意义，这令我每天都过得十分煎熬……”

为什么孩子会这么“责骂”自己呢？有时候，或许在成年人眼中只是一件微不足道的小事、一句无关痛痒的批评，但在孩子看来却是一件天大的事、是否定了他全部价值的攻击性行为。如果孩子的自我价值和幸福感均源于别人的爱和认同，那么他就会特别害怕受到批评。孩子很难用清晰的思维从正常的角度理解这件事情，总是给自己施加过度的道德压力，觉得是自己的原因才让事情变得如此糟糕，倾向于把所有的罪责归咎于自己的能力，认为自己一无是处，把自己贬低得一文不值。再加上他人的言语过于刻薄，更会让孩子对自己感到失望，对自己大发脾气，陷入自我批评中无法自拔，以至于像上面所描述的那样，用一些言过其实、不切实际的话来苛责自己，甚至像“自残”一样地用恶毒的言语折磨自己。

每个人在面对外界批评的时候，表现是各不相同的。有些人觉得批评可以带来极大的伤害，也有另外一些人则可以很淡定地面对别人的恶语攻击。对于有抑郁情绪的孩子而言，批评之所以可以轻易地刺痛他们的心灵、令其陷入崩溃的深渊，是因为他们的内心不够强大。实际上，他们并不是因为别人的批评而精神崩溃，而是因为他们从来学不会“放过自己、善待自己、拯救自己”。这就好比别人给了他们一刀，他们没有赶紧止血自救，反而拔出刀、撕开伤口，想看看伤口到底有多深。如果孩子的内心足够强大，那么不管别人的批评多么恶毒、多么刻薄，都不能伤害他们，这个世界上除了他自己，没有人可以真正从内部伤害他。

人生是一个不断成长、变化的过程，想让孩子的内心由弱变强，家长需要帮他们建立自信心，培养孩子与人交往的能力和乐观的生活态度，不要让孩子给自己设定诸如“一无是处、不如别人”的标签。而且家长一定要让孩子学会与自己对话，利用自我关怀来反驳自我批评，这样既可以对抗外界的攻击和残酷的现实，也可以消除心中对自己的指责，提高自我价值感，继而消除因为自卑而产生的负面情绪。

什么是自我关怀？它指的是一个人面对逆境时，尤其是因为遇到困难或失败而怀疑自身能力与存在价值的时候，能从一个好朋友的角度友善地对待自己，客观地觉察自己的感受和想法；假如做得不够好，那就鼓励自己再接再厉，假如做错了事，那就督促自己找出原因、积极改进，把从前用来打击自己的精力用在完成目标和实现抱负上，加速自身的进步。

自我关怀是如何发挥作用的呢？我们的情绪可以分为威胁系统、奖赏系统、安抚系统。威胁系统让我们产生不舒服的情绪，以便让我们远离危险环境，比如因为惧怕某个人而选择逃跑；奖赏系统让我们产生舒服的感觉，以便刺激我们追求并获得自己所需的资源；安抚系统让我们产生“既不用担心危险，也不用追求满足”的平静感受，继而产生被关怀、被接纳的感觉，以便让我们在安全和满足的心理环境中恢复情绪。自我关怀可以激活安抚系统，减轻我们心中的焦虑、痛苦、紧张、冲动。

自我关怀有很多种方法，最简单易行的方法就是自我对话，用对待朋友的态度对待自己。作家史铁生曾说过：“人最需要，也是最重要的，就是自己跟自己来进行对话练习，跟自己的灵魂来一次对话。灵魂问题，人们会不自觉地绕过去。有时候我也回避，真的将内心完全敞开，自己会害怕。真正的开放，不应该停留在外部，而是内心的。”确实，每个人都会有不同程度的“精神分裂”，往往需要通过自我对话，审视自己的内心，让自我更加丰富，为生命展示出巨大的内在空间。

孩子可以向自己提出问题，再由自己积极地作答，由此找到内心真实的自己。比如可以像下面这样问自己：

第一个问题：“今天，你爱自己了吗？”

“是的，我今天对自己很好，喝了最喜欢的奶茶，还对着镜子夸自己今天的发型很漂亮。”

孩子应该学会爱自己，不管别人如何看不起自己、如何不尊重自己，只有自己尊重自己，才能换来别人的尊重。所谓尊重自己，其实就是自爱。这是一件很重要却被经常忽视的事情。自爱，不仅仅是爱自己身上的优点，爱那些散发着美好光彩的事物，也要爱自己的缺点，这种爱不是没有原则的溺爱，而是一种包容的爱。也就是说，孩子应该接纳自己的全部，认识到“好的我”与“不够好的我”共同组成了“完整的我”，应该一视同仁地对待它们，这样，“不够好的我”才能变成“好的我”，“好的我”才会变成“更好的我”。

第二个问题：“他的所作所为确实很过分，你生气了吗？”

“他对我的批评实际上只是诋毁，别人不会轻信这种毫无依据的批评，我也根本不需要往心里去。”

别人的批评可以分两种，一种确实是想帮助你，另一种可能就是想伤害你。所以，批评的话可能是对的，也有可能是错的，或者存在于对错之间，不要一味地为所有批评买单。如果批评的话是错的，家长要告诉孩子完全没必要为了这样的批评而烦恼。所以，在受到批评的时候，孩子需要弄清楚这个人的真实意图，用客观理智的态度看问题，这样，才能让自己免于被伤害。

第三个问题："现在的你，最想听到的一句话是什么？"

自我关怀和关怀他人是一样的道理，都是用温暖又坚定的语言来抚慰心灵。遇到困难不要怕，遇到失败不要沮丧，遇到批评不要慌，孩子可以告诉自己："自责解决不了任何问题，人不能一直沉浸在懊恼中，否则损失会越来越多。既然我已经错过了夕阳，又何必因为懊恼而再错过繁星呢？""此时此刻真是煎熬啊，每个人都有在艰难、痛苦面前不知所措的时候，我只希望你能对自己温柔相待。""你现在所需要做的只是平静和专注，一切都会过去的，没有人可以代替你勇敢，但我可以陪你一起坚强。"家长让孩子一边深呼吸，一边把这些话默念给自己听，也可以把这些话写在纸上，贴在目之所及的地方，时刻提醒自己、鼓舞自己。

杜根定律：
提高自我肯定感的练习

美国职业橄榄球联合会前主席D.杜根提出：“强者未必是胜利者，而胜利迟早都会属于有信心的人。”换句话说，如果你相信自己可以得到，那么你最后往往就能得到。相信自己，是获得成功不可或缺的前提。这一定律后来被心理学界称为“杜根定律”。

这几年在日本育儿界流行一个词——“自我肯定感”。自我肯定感，即认为自己的存在是有价值的，爱自己并且积极地肯定自己存在的意义，对目前的自己表示很满意的一种心理活动。

教育专家认为，自我肯定感是塑造孩子心灵的基础，是心理成长的根基，是真正的内驱力。有了它，孩子才会拥有学习的动力，才不会因为自卑而自暴自弃。因此，父母应该尽可能地为孩子营造良好的成长环境，引导孩子自我认识、自我赞扬、自我肯定和自我激励，让孩子拥有正确且健康的自我评价，让孩子意识到，他的存在是有意义、有价值的，他有自己的独到之处，他很重要。

那么，家长应该怎么引导孩子提高自我肯定感，又需要让孩子做哪些练习呢？

首先，让孩子去做自己喜欢的事。

家长要有意识地引导孩子培养一些兴趣、爱好，比如运动、艺术等，让他们与同龄人相比，在某方面有优势。家长可以让孩子从简单的小事做起，哪怕只是比同龄人更会整理自己的房间，比同龄人更会与小动物相处，都可以给他们带来一定的成就感，这些看似微不足道的成就感也是自信心的来源，只要积少成多，孩子就会逐渐养成自我肯定的好习惯，“我会这个”“我能做好”“我可以做到”将会成为他们的口头语。

其次，让孩子学会为自己鼓掌。

很多人喜欢赢得别人的掌声，也喜欢为别人鼓掌，却很少为自己鼓掌。我认为，只有学会为自己鼓掌，自己先肯定了自己，那么内心才能真正地强大，才会拥有真正的自信。

有个叫淘淘的小朋友，他很喜欢拉小提琴，每当他拉完一支曲子，都会跑去问妈妈："妈妈，我拉得好听吗？"淘淘很在意妈妈的看法，想要得到妈妈的肯定。

妈妈通常会赞扬他："宝贝，你拉得太好了，妈妈听着很享受。"

一开始，他将信将疑，会追问："妈妈，我拉得真的有那么好听吗？"每当得到肯定的答复，他就会非常开心。但是，如果妈妈的评价不是很高，他的情绪就会变得很低落，再拉小提琴时他就会心不在焉。

妈妈感觉到孩子心理上的微妙变化，便打算借此机会引导孩子学会肯定自己。后来，当他练完琴又跑过去问妈妈自己拉得是否好听时，妈妈就很认真地跟他说："宝贝，你每次练琴都有进步，爸爸妈妈都觉得你很棒，也相信你会拉得越来越好，所以你不用每次都问我们拉得好不好，你应该学会表扬自己，觉得有进步了，就给自己鼓个掌，告诉自己：‘我今天又进步了。’”于是，练琴结束时，淘淘都会给自己鼓掌，这已经成了他的习惯，令他从中获得了更多的自信和动力。

再次，表扬和自我表扬相结合。

在孩子建立自我肯定和自我激励的过程中，父母的积极参与和正确引导是不可或缺的，也是至关重要的。为了培养淘淘的自我肯定感，父母会经常夸奖孩子，肯定他的每一次微小的进步，同时，还鼓励他表扬自己。他们为儿子设立了一个“表扬板”，基本上每天晚上吃过饭，他们都会跟儿子一起玩“赢大拇指贴图”的游戏。游戏内容是让儿子讲述自己当天做了什么值得表扬的事，可以是生活中的，比如“自己穿衣服”“帮妈妈打扫卫生”；也可以是学习中的，比如“拉小提琴得到了老师的表扬”“在学校帮助了其他同学”；也可以是课外娱乐中的，比如“发现了积木的新玩法”“发现了蜗牛喜欢吃树叶”……每件值得表扬的事，爸爸妈妈都会毫不吝啬地给他一个大拇指贴图。淘淘经常会说："爸爸，今天我的表扬板又多了好多大拇指，我明天一定可以得到更多！"

这种自我肯定、自我鼓励的方式，能够充分调动孩子的主观积极性，很好地帮助孩子认识自己、接纳自己，从而把事情做得细致、周全，让孩子感觉到自己的优秀。孩子在无形中也形成了积极乐观的性格，遇到责备、挫折的时候，不至于自暴自弃。面对同样的挫折，自我肯定感不足的孩子会认为："我没有这种能力，所以才会失败，那么就这样吧，看来我确实不可能成为优秀的人。"拥有强烈自我肯定感的孩子则会觉得："我想成为更优秀的人，我可以做到的，只是需要更努力一些。"

比如说，淘淘因为体形偏胖，身体不太灵活，在体育运动方面比较吃力。他刚上小学时，体能测试一塌糊涂，到了下学期，淘淘加强了练习，体能有了明显的提升，但与其他孩子相比，还存在一定的差距。为此，老师找他谈过话，他也被小伙伴嘲笑过，但他并没有表现出过多的沮丧和挫败感，反而乐观地说："多练几次就好了，我一定可以的！"他还找到了自己的薄弱点，并求助爸爸："爸爸，不知道为什么我总是投不远，你帮我纠正一下动作吧。”到了二年级，淘淘在体育运动方面有了明显的进步，体能测试时，各方面成绩都很不错，有几项运动还得了满分，淘淘和父母都很开心。

最后，让孩子学会自我评价。

孩子学会自我肯定的前提是对自己有一个正确且客观的评价。只有了解自己的长处和短处，他们才能正确地评估自己的才能与价值，建立初步的自我尊重、自我爱护、自我认同、自我信任，才会树立自信心，形成良好的自我意识，产生积极的情绪体验。

总之，帮助孩子提高自我肯定感，是父母所能给予孩子的最好的礼物之一，一旦孩子建立了自我肯定感，他就不会过于依赖他人的评价，就能够自信地面对未来，拥有积极向上的人生态度，成为最好的自己。

让孩子感受到
自己正在被需要

尽管自卑与自负是两种极端心理，却同样会导致抑郁情绪的出现。

自卑会带来抑郁情绪，这是很容易理解的。孩子对自己的能力感到信心不足，觉得自己什么都做不好，只会拖别人的后腿、给别人带来麻烦，继而认为别人不仅不需要自己，而且还很讨厌自己，把自己视为一个多余的人，于是在压抑自我的同时逐渐疏远了别人，性格变得孤僻。这样一来，别人反而觉得这个人不好相处，更加不愿意接近他，由此形成了恶性循环，使孩子再次认定自己“因为一无是处而不被需要”。而父母在其中扮演的角色是一个同情者，他们总是对自己说：“我的孩子不合群，我的孩子很内向，我的孩子承受不了这些打击。”家长一想到孩子的“弱”，就不由得想保护他，于是为他安排好一切，无意间封闭了孩子与外界接触的通道，这相当于孩子关上了门，家长又关上了窗，这种做法肯定会加重孩子的抑郁心理。

那么，自负又是怎么导致抑郁情绪的呢？几乎所有父母都想尽一切可能为孩子的衣食住行提供最细心的呵护，什么都替孩子安排得明明白白，除了学习，不让孩子做任何劳心劳力的事情。于是，因为家长的过度溺爱与过分保护，很多孩子逐渐养成了以自我为中心的性格，他们不懂顾及他人的感受，只考虑自己的想法和需要。长此以往，他们会觉得父母所做的一切都是应该的，而自己不需要对任何人负责，只需要享受这份宠爱就可以了，这样只会让孩子形成错误的价值观，逐渐变得自大自负、自私自利，为人处世没有责任心。等到他们离开父母、独自接触外界的时候，孩子才发现不是所有人都会无条件地满足自己，于是感情受挫，进而出现抑郁情绪，产生一种“世界不如我想象的那么美好，我没有被所有人善待”的落差感。

不管孩子属于哪种情况，家长都不要总是把自己比作雄伟的高山，视孩子为脆弱的小草，别总让孩子依赖你、敬仰你、畏惧你；更不要为孩子挡尽风雨，让孩子变得弱不禁风。换个角度理解，家长不要剥夺孩子成长路上的宝贵经历——被需要时的自我实现感。

对每个人来说，需要和被需要就像是一对有力的翅膀，这种动态平衡能让我们不断地成长，在广阔的天空中飞得又高又稳。心理学家说，需要是一种自身生理和心理上的内在驱动力，让人自发地去探索世界和所处的生活环境，比如：孩子饿了，就会很自然地去找食物；而被需要是一种来自外界对自己的需要并折射到自我心理上的外部驱动力，使人自愿伸出援助之手。在孩子的成长过程中，需要与被需要的关系是相辅相成、缺一不可的。

每个人都有自我实现的需要，孩子也渴望被看到、被需要、被肯定，在被他人需要的时候，他们才能真切地感受到自己的价值与内在潜能。父母要让孩子明白，他们需要父母的同时，父母也需要他们。只有让他们感受到被需要时带来的使命感和帮助别人后带来的成就感，他们才能发现自己幼小的生命也可以很伟大，进而产生强烈的责任感，形成独立的人格。

真正爱孩子的父母，不要只让孩子看到家长强大的一面，也要把自己弱小的一面表现出来，适当地接受孩子的帮助，尽管他们帮不了什么，甚至会添乱，但只要让他们参与进来，就是亲子关系的良性转变。洗碗、倒垃圾、帮家长顺路取个快递，从这些微不足道的小事中，他们也可以感受到自己的独特价值，增强自信和勇气。家长同时还应该多鼓励孩子帮助家人以外的人，增加他们与社会接触的机会，有利于他们发现自己更多的能力、更多的价值。

其实，在这个“被需要”的过程中，真正重要的不是让他们知道自己到底能做出什么样的贡献，而是要让他们感受到自己是这个家、这个群体、这个社会的一分子，自己是重要的、无可取代的，这对排解他们的抑郁情绪有很大帮助。

第七章

记忆重塑：把所有黑暗都甩落身后

奥地利心理学家阿尔弗雷德·阿德勒说："幸运的人一生都被童年治愈，不幸的人一生都在治愈童年。"童年的经历会伴随孩子的一生，这些记忆有美好的，也有阴暗的。孩子在黑暗中负重前行是非常辛苦的，也是令人惶惶不安的。

生活是一个反复推倒重建的过程，孩子要学会与过去告别、重塑记忆，不要让曾经不幸的自己拖累了此刻的自己。信心、动力、能量，是孩子拥抱灿烂未来的必要元素，只要不断地朝着美好的生活狂奔，他们就会与负面记忆带来的抑郁情绪说再见。

小小创伤造成的大大伤痕

近期媒体频繁曝光幼儿园的恶性伤害事件，这些新闻不仅使大家感到痛心、愤怒，也让家长异常揪心，更让我们意识到孩子是社会上最脆弱无力、最需要被保护的弱势群体。家长开始思考一些与孩子身心健康有关的问题，比如：如何避免孩子受到伤害，如何教孩子保护自己的隐私，如何选择好的幼儿园与学校，等等。

除了幼儿园的恶性伤害事件，还有一些成年人不以为意，但对孩子来说会造成心理创伤的事件，它们在日常生活中也比较常见，比如：同学霸凌、老师体罚、语言暴力、情感忽略、不公正对待等，这些负面事件发展到一定程度时，都有可能成为孩子人生中的危机事件，给孩子造成心理创伤。

心理创伤不像身体创伤那样看得见、摸得着，但这并不代表心理创伤就可以被大家忽视。尤其是认知还没有成形、心理还没有发育完全的孩子，他们的心理承受能力远不及成年人，一旦形成心理创伤，又没有得到及时疏导，创伤的负面记忆将会一直留在他们的脑海里，在成长过程中这些记忆将会操纵大脑，然后产生不良的行为习惯、思维模式等，如孩子感觉没有安全感、时常焦虑、抵触人际交往等。这些心理创伤对孩子的身体、心理和社会交往都会产生严重的影响，甚至会影响孩子的一生。

我相信，即使再担心孩子的身心健康，家长都不可能让孩子远离世间的一切伤害，也无法做到时时刻刻陪伴着他们。家长最担心的是，孩子在家长看不到的地方会不会受到伤害，或者孩子会不会还没有察觉到自己受到了伤害。孩子在遭受心理创伤后，尽管有意掩盖，但身体很诚实，他们的行为举止仍然会有一些明显的变化。通常情况下，同一事件对不同年龄段的孩子产生的心理影响也会有所不同，这就需要家长细心地观察孩子，当孩子的性格特质、行为习惯或情绪反应突然发生改变时，家长要先查找原因，然后及时疏导。

那么，作为并不具备心理学专业知识的家长，该如何帮孩子走出心理阴影呢？最有效的方法，就是父母的理解、陪伴和帮助。

第一，当孩子受到伤害时，他们特别需要父母的支持和帮助，此时家长最需要做的就是无条件的陪伴。

负面事件发生后，家长需要接纳孩子可能出现的任何情绪、任何行为，就算孩子大哭大闹也不要斥责，因为他们的愤怒、胆怯和冲动等都是十分正常的情绪反应，需要我们耐心感受、温柔以待。被抑郁心理困扰的孩子，他们的内心就像是一个一碰就会碎的水晶球，需要家长好好呵护。只有耐心的陪伴与安慰，才能逐渐抚平他们心中的伤痕。

第二，可以鼓励孩子绘画或者讲故事。

孩子的世界是简单的，他们会将自己的所思所想通过某些方式直观地表现出来，这也是他们宣泄情绪的一种方式。所以，家长可以通过他们创作的图画或者故事来了解他们的遭遇。

第三，不要因为孩子的心理创伤而破坏家里原有的某些规矩。

在孩子受到伤害时，很多家长可能会感到愧疚，为了让孩子早日走出来，就给孩子买礼物进行物质补偿，或者允许孩子尽情地玩游戏、看电视等，不惜破坏原有的规则，只为让孩子感到快乐，这是非常不可取的溺爱行为。想让孩子的身心健康早日回到正轨，家长也应该保持镇定，调整好自己的心态，用平常心对待孩子，平时的家庭规则仍旧需要遵守。

第四，待孩子的情绪稳定后，家长再尝试与他们进行沟通。

家长对孩子进行一系列的心理疏导，协助孩子释放积压在内心的负面情绪，然后与其一起面对负面事件产生的后果，向孩子保证“无论发生什么，我们都永远爱你，永远是你最坚实的后盾、最温暖的港湾”，循序渐进地帮助孩子重塑安全感。

没有什么放不下，只是回忆在喧哗

人之所以会积郁成疾，有时候是因为执念，而执念总是源于美好的记忆与糟糕的记忆对比后产生的患得患失心理。在生活中，我们常常会把攥在手里、放在心里的东西视为私有物，可往往就是这些看似理所当然的东西使我们沉浸其中而无法自拔，也束缚了我们的思想和前进的脚步，尤其是某些执念。如果孩子一直无法放下自己的执念，反复思考究竟是哪里出了问题，任凭过去的种种回忆肆意喧哗，不仅会感到痛苦，最终还会使自己不堪重负，人生也会变得无比糟糕。

我曾在网络上看过一位哈佛大学教授的演讲，他拿起一个装着水的杯子，问听众："大家猜一下，这个杯子大概多重？""70克""100克""120克"，大家纷纷猜测。教授说："其实，我也不知道杯子有多重，但可以肯定的是，我在拿着它的这几分钟里并不觉得沉，也不觉得累。如果我拿着它超过一个小时，胳膊就会酸痛；如果我整天拿着它，就会出现肌肉痉挛。那么，我为什么要一直拿着它呢，如果我现在将杯子放下，就不会出现以上的情况了。其实，生活中的痛苦有时就像我手中的杯子，如果长时间拿着不放，它就会侵蚀人的身心，日积月累，精神也有可能会濒于崩溃。"

我们常说，做人要拿得起、放得下，但如果真能做到这样，将会有太多的人可以摆脱抑郁情绪的困扰。为了未来幸福的人生，家长要引导孩子找出使他们感到痛苦的根源，然后教他们慢慢放下那些早已过去、却还在心里隐隐作痛的东西。

我再给大家讲一个爸爸和儿子的故事：

一天夜里，儿子将刚做完的作业装进书包，突然转身看着爸爸，说：“爸爸，我心里好烦啊。”孩子的爸爸整天忙于工作和生活上的琐事，心想：一个9岁的孩子能有什么烦心事，于是他就没有在意儿子的情绪。第二天早上，儿子说他做了个噩梦，然后心有余悸地说：“爸爸，我梦见自己考上复旦大学了，那里的老师都是妖怪，长得好吓人……”孩子的爸爸很惊讶，没想到考大学这件事会给儿子造成这么大的心理压力。这个男孩出现烦躁和恐惧心理的原因，要从他写的一篇作文开始说起。

半年前，这个男孩写了一篇观察类的作文，爸爸觉得儿子写得很棒，就替儿子投了稿，可没承想那篇作文居然发表了。儿子突然成了学校里的焦点人物，老师和同学都把他视为班级的榜样，甚至有家长领着孩子登门请教。

后来开家长会时，班主任说：“以你儿子的写作水平，继续努力，将来考复旦大学都不成问题……”儿子听到老师对他的高度评价，便更加努力地研习写作，之后陆续投了好多次稿，可惜都没有再发表过。后来，不只是他的语文成绩越来越差，其他各科成绩也都出现了下滑现象。从巅峰跌到谷底的经历，让儿子的心理负担越来越重，整日郁郁寡欢。

爸爸试图开导儿子：“儿子，知道守株待兔的故事吧？”

儿子很聪明，马上就理解了爸爸的意思，说：“爸爸，你是说我现在就是那个守株待兔的农夫吗？”

爸爸笑着对儿子说：“这个寓言也可以这样解释，农夫偶然得到一只兔子，意外收获了快乐，于是他期待好运再次降临，日日守在树旁，后来希望变成了失望，快乐变成了忧伤。”

儿子听完焦急地说：“我只是不想让大家对我失望。”

爸爸耐心地说：“做任何事情都不能急功近利，急于求成只会让自己离目标越来越远，真正的成功需要持久的耐力。还有，快乐很重要，爸爸只希望你能快乐。”

"那如果我以后考不上复旦大学，你不会失望吗？"儿子望着爸爸问。

"爸爸只要知道我儿子努力过，尽力了就可以。如果复旦大学里的老师都是妖怪，那还是不去为好。"

听完爸爸的话，儿子笑了，心里的大石头瞬间落了地。渐渐地，他的学习成绩上去了，也不再做噩梦了。

家长对孩子的期望值越高，对孩子的要求也就越严格。家长都想让孩子成为各方面的佼佼者，这种望子成龙、望女成凤的心态是可以理解的，但是家长一定要注意孩子的承受能力，不管是身体上的还是心理上的，压力太大会导致孩子产生抑郁等不良情绪。人生是属于他们自己的，他们有权拥有自己的人生，只有他们放下心中的负担，为自己而活，童年才能快乐，人生才会精彩绝伦。

孩子想走出过去、放下过去，以下这三步是他们必须走的：

第一步，允许自己感受负面情绪。

在记忆中凝聚的悲伤与愤怒都没有好坏之分，有些孩子常常因为想掩饰它们而倍感煎熬，甚至强迫自己不去回想事情的始末，用尽方法麻痹自己不去感受那些情绪。其实这些正常感受是需要得到释放的，与其抵制、抗衡，不如承认这一切都是正常的过程，允许这些情绪在自己的心灵中流淌。情绪，永远是宜疏不宜堵。

第二步，忍不住回想某件事的时候，切勿美化过去。

孩子有时候会触景生情，在某种外物（比如一张特殊的图片、一段熟悉的音乐、一种奇怪的气味等）的触发下情不自

禁地重温从前的美好时光，为了配合他的期望，大脑会对记忆进行修改，对记忆加以美化。然而这种感觉仿佛是在播放一张满是划痕的唱片，唱片已经无法重现最初的美妙声音，此时的回忆其实与事实相去甚远，最终只是在心头添上了新的执念而已。因此家长要引导孩子在回忆的时候，不要美化过去。

第三步，学会接受现实。

孩子早已习惯了成功，一旦遭到失败、变得平凡，他可能一时半会儿缓不过来。尽管时间是医治糟糕记忆的良药，但听之任之等着时间解决一切并不是好办法，家长必须帮助孩子制订一个时间表，让沉浸在痛苦当中的身心有一个时间期限，这个时间期限以“接受失败的事实”为始、以“我会创造新的成功”为终。

人们常说，有舍才有得。学着放下，看淡得失，虽然这是一个很漫长的过程，然而世上没有什么东西是放不下的，孩子只有学会放下不堪的过往，屏蔽回忆中的无尽喧哗，才能活得轻松、走得长远。

记忆偏差：他“看到”了并未发生过的事情

科学证明，记忆可以激发情绪——记忆向我们提供的一些“真实”信息可以影响我们的想法与感受；情绪也可以左右记忆——带着主观感受与明确的目的去探访记忆时，我们会通过某些方式对经历过的人或事加以“解释”，这些回忆往往不会有序或准确地出现在我们的脑海里，真实发生过的事情与大脑推理后认为应该存在的事情，是很难区分的。

曾经有心理学家做过一个研究，他让一些成年人回忆自己的童年琐事，后来心理学家发现，在他们回忆的事情里，大约有四分之一的情节或是完全虚构出来的，或是与事实不符，但这些人却很坚定地认为他们的经历是真实的。

英国伯明翰大学的研究人员利用大脑解码技术重建了记忆检索过程，得出的结论之一是，尽管在我们的“眼”中，记忆是生动的图像，但它并非完全精确地复制了我们最初经历的事情，并不是过去的快照；在个人知识和世界观的影响下，我们有时候会记住从未发生过的事情。

可见，尽管俗话说“耳听为虚，眼见为实”，但大脑并不是一个储存记忆的文件夹，有时候我们的眼睛也不值得信任，因为我们会“看到”某些事实，但这些事实却并未发生过。记忆会经常性地犯错，也就是会出现记忆偏差的现象，让人很难把真正的事实和自认为是的事实区分清楚。这就像放在水中的筷子一样，我们看到的只是它折射出来的样子，看起来好像是折断了，但实际上只是我们的错觉。尤其是当很多人同时经历一件事情的时候，每个人都习惯从自己的角度看待事物，因为视角不同，所以他们的描述也会不同；当不同的意见出现时，总会有一个人占据主导地位，而占据主导地位的人形成的记忆会影响，甚至推翻其他人的记忆，因为当不占据主导地位的人和占据主导地位的人的记忆存在差异的时候，不占据主导地位的人就会开始自我怀疑、信心大减，还会不断暗示自己应该倾向于信任占据主导地位的人的记忆。

美国心理学家丹尼尔·瑞特做过一个有关记忆偏差的实验：

他让40名学生阅读同一本漫画书，但是需要每个人单独完成，其间不能与其他人交流。漫画的内容是两个男人在打台球的时候，一个女人出现了，把他们其中一个人的钱包偷走了。在让他们看漫画之前，瑞特做了些手脚，他把这40名学生平均分成了两组，两组学生看到的漫画有细微的差别，其中一组学生看到的是女人自己偷的钱包，而另一组学生看到的是女人还有一个同伙。

等所有学生看完漫画后，瑞特先是一对一地对学生们进行提问："这个女人有没有同伙？"40名学生中有39人答对了。然后，瑞特开始两个人一组进行提问，这两个人看到的不是同一个版本。在学生回答之前，瑞特让这两名学生先讨论一下他们看到的漫画内容，然后再将最终答案告诉他。按照正常的逻辑，这两名学生看到的内容是不同的，他们的答案不可能相同，也不可能达成共识。但实验结果显示，只有4组学生的答案是真实的；其中15组学生给出了统一的答案，也就是说，有15个学生被同伴的想法说服，放弃了自己本来的观点。

这个实验报告在《美国心理学期刊》上发表了，在报告中，瑞特得出了一个结论：两个人同时讲述一个故事是篡改人们记忆最强有力的方法，这被称为社会标准化倾向。

由此可见，道听途说，人云亦云，以讹传讹，这些都会让记忆出现偏差。究其根本，在于人对外界的认知容易受到各种因素的干扰，我们通常会凭借从别人那里获取的间接信息产生主观认知，自己的期望与别人的暗示都会使我们产生记忆偏差，再加上感官、情感、道德、思维方式、目的需求的干扰，很容易让自己的记忆与事物本来的样子相去甚远，把从未发生过的事情当作真实发生的，据此做出错误的判断和不恰当的行为，带来不必要的麻烦。

理性独立的成年人都无法避免出现记忆偏差，更何况是心智尚未成熟的孩子，他们的情绪与想法往往极易受到外界影响，在与别人想法不一致时他们也极易被说服。那些令他们感到抑郁、痛苦的事情，其实有可能并不是他们自己所想的那个样子，是被他们无意识地篡改过的，或是添油加醋、有所夸张，或是避重就轻、有所删减，也可能根本没有发生过。

家长应该如何帮助孩子避免、修正这些记忆偏差呢？

家长可以适当地帮孩子进行心理梳理，教会他们看待事物时要追本溯源，也就是从多角度出发，突破原有的思维方式，从第一手信息上认知事物。想要还原事物的真实一面，孩子必

须做好以下几件事：

一是保持冷静，不要担心回忆会给自己带来负面体验。

二是摒弃主观目的，不去设想自己从记忆中会找到哪些需要的东西，不做具象化期待。

三是从客观角度看待问题，不要把关注重点放在“我”与“这件事”上，尽量淡化二者之间的关联性。

四是排除外界干扰和冗余信息，不去计较别人的非议与反对，避免受制于从众心理，也不做与这件事没有直接联系的无关联想。在此之前，家长的首要任务是教会孩子辨别哪些信息是他在乎的、哪些信息对他来说是无关紧要的，然后引导孩子尝试摒弃无关紧要的人或物带给他的主观感受。

五是从不同角度进行观察，可以以思维导图的方式将观察到的事物特征记录下来。

如此才能去伪存真地修正那些并不存在的痛苦记忆，这将会对解决他们的心理抑郁问题有很大的帮助。

第三视角重构：跳出自己，再看到自己

我们常说，“当局者迷，旁观者清”。当评价自己的心理素质强不强、学习动力够不够、学习方法对不对时，孩子习惯使用第一视角，以自我为中心，带着主观色彩理解自己和看待周围的事物。因为视角受限，所以孩子很难准确地进行理智分析，难免会陷入自己制造的记忆陷阱中，痛苦又迷茫，无助又抱怨。

这时他们需要跳出第一视角，以第三视角对记忆进行重构。

用第三视角重现记忆中的画面是人类的本能。为什么过去的一幕幕变成了脑海中的画面，好像在看别人的故事呢？这是

因为，过去的自己是旧的自己，现在的自己是新的自己，大脑强大的思维能力与对比明显的时空感交融之时，会令我们自然地感到两者已经不是同一个人了。所以我们在回忆曾经发生的事情时，会在记忆中重构当时的情境、情节，新的自己则自动以第三视角（类似上帝的视角）去观察旧的自己的所作所为，置身事外地看自己的热闹。

英国思想家亚当·斯密认为：“我们无法审视自己的情感和动机，也无法做出涉及自己的感情和动机的判断，除非我们能从自己的自然位置中对自己进行排除，同时努力把这些情感和动机当作与我们有一定距离的事物。通过模仿他人的眼光来观察它们，我们就可以审视自己的情感和动机并对它们做出判断。所以，每当我们做出判断的时候，实际上总是在潜意识里参照着别人做出的判断，即想象别人会如何理解这件事，依据的已知条件是什么，最终会做出何种判断。当我们致力于检视自己的言行时，其实我们是幻想出了一个中立公正的旁观者来检视我们的言行。”

依据这个原理，心理治疗师试图帮助患者解决问题时都会把这个问题再抛给患者自己，只不过换了一种说法：“那么请你思考一下，如果是你最好的朋友遇到了这个难题，你有什么好的建议呢？”同样的问题，只是换了个角度就可以让患者轻松跳出原有的思维框架，不再被惯性思维框住，当他们开始从第三视角审视自身困境的时候，解决问题的效率就会大大提高。

陷入抑郁情绪的孩子也可以尝试跳出原本的情绪环境，通过第三视角来审视自己，看看这些情绪的存在是否恰如其分，从源头上削弱它们的影响。在某个心理学实验中，研究人员让参与者回想一段令自己感到抑郁的经历，然后要求他们分别以第一视角与第三视角感受当时的情绪、分析那段经历。结果显示，参与者用第三视角对负性事件进行回顾思考之后，原本的抑郁情绪得到了有效的缓解。

当局者和旁观者的区别就在于，旁观者是在用大脑进行理性的逻辑思考，当局者除了大脑思考以外，还有主观感受，由此得出的结论、做出的行为难免不够客观。家长要让孩子摒弃自己的感受去分析一件事的利弊，抛开自己的情绪只审视事件本身，对于认知发育不完善的孩子而言，这并不是一件容易的事。不过家长可以教给他们两个简便的方法，逐渐适应视角转换的过程。

第一个方法是想象法。

如何让孩子自然而然地从第一视角转换到第三视角呢？研究发现，回忆有一个过渡过程，在回忆某个特定场景时，我们的脑海中会先出现一些常规场景，展示出记忆与一般事物的共性，接下来才是记忆的细节部分。

我们可以让孩子想象一下他正身处某个陌生的房间，他现在可以看清楚房间里的内部装修，但对这个房间以外的事物一无所知，现在让他的“身体”逐渐后退，退出房间，就像倒放录像带一样，直至他退到房子外面的大街上，这时的他就可以看清楚这个房子是在哪条街上、在哪栋楼里、在第几层、一进门是客厅还是玄关、共有几个房间、布局有什么特点、刚才的房间在什么位置……他甚至还可以看到前一分钟正在那个房间里的自己时，说明孩子已经顺利地进入了第三视角。

然后家长趁热打铁，请孩子回忆一下他小时候的某个场景，场景内容由他自己决定，尽量回忆当时的全部画面，在脑海中一一还原细节，越详细越好，这时他便可以像看电影一样回顾“另一个人”的故事了。不过，建议家长不要让他回忆对他打击最深的事件，而应该先从一些无关痛痒的负性事件开始回忆，然后循序渐进。

第二个方法是写作法。

孩子也可以把自己的经历用第三人称的视角写在日记本中。这个记录并不是日记或自传的形式，而应该是短篇小说的形式。故事的主角是“另一个人”，可以使用“无中生友”的开篇方法，如：“我有一个朋友，他曾经遇到过一件事……”故事的情节可以适当润色，但不应脱离实际，只要绘声绘色、引人入胜即可，因为现实记忆可能枯燥无味，用三五句话就可以说清楚来龙去脉，但文学创作却可以增加一些情感色彩和修辞手段，这有助于孩子更全面地描绘出曾经发生过的事情。

小说写好之后，从头到尾地阅读一遍，时刻记着“这是别人的故事”，以便从客观的角度去觉察当时自己的所作所为。然后孩子像做语文阅读理解时那样，回答以下几个问题：他究竟在做什么？他为什么要这么做？如果他不这么做，还有更好的方法解决问题吗？孩子通过与“另一个灵魂”的沟通为自己的精神找到出路。

如果孩子可以突破视角局限，把自己从不好的记忆中抽离出来，做到用旁观者的角度分析问题，用不同的视角扫除视觉“盲区”与“死角”，不受牵绊地转过身来审视自己，解读当时自己的做法和逻辑，就会看到自身存在的“隐形”问题，正视自己的缺点和不足，这样才能更加真实、全面、客观地认识自己，消除自我否定的魔障，然后知行合一地跳出这个困局，理智地规划人生方向，那么他的未来定将豁然开朗。

克服反刍思维，打破痛苦循环

当不幸的事情发生后，有时候我们只是简单地希望“想通这件事”，于是思维就停留在这个问题上，由此产生过度思考，使自己陷入无休止的僵局中，这在心理学上被称为记忆的“反刍思维”。也就是说，我们经历了某个事件后，还在不断地用消极的情绪状态对这个事件产生的原因和后果（包括既定的与可能的情况）进行反复思考。

“我错啦，我真的错啦，我从一开始就不该嫁到这儿来，我不嫁到这儿来，我的夫君也就不会死，我的夫君不死，我也不会沦落到这个伤心的地方，如果不沦落到这么一个伤心的地方，我就……”这是电视剧《武林外传》里佟湘玉经常说的一段台词，每次她不开心的时候，就会说这段话来表达“悔不当初”的情绪，反刍思维的过程被展现得淋漓尽致。

研究发现，人类之所以会产生某种程度的反复思考，是因为现实情况和理想目标之间存在较大的差距。对极少数人来说，适度的记忆反刍是有帮助的，反刍思维在给我们带来痛苦的同时，也会让我们对过去发生的事情进行正确的解读，在思考中加深自我认知，帮助我们评估自己的现状与理想中的目标之间存在的真实差距，从而避免未来犯同样的错误，也能更加游刃有余地应对新的挑战。

当然，凡事都要有个度，如果我们不能适时地摆脱反刍怪圈，长此以往，情绪和行为都会受到不良影响。特别对于有抑郁情绪的孩子来说，他们会因为痛苦的经历和悲伤的体验产生负面情绪和想法，这种思维方式会让他们不停地“反刍”，预测这件事出现的最坏结果，不断地询问自己出现这种结果的可能性有多大，以及这样的结果自己能不能承受。结果事与愿违，他们会越来越想不通这件事，不知道应该怎么打破僵局，甚至不确定能不能找到问题的答案，进而变得情绪低落、压抑，以致被困在过去里，沉浸在绵绵不绝的负面情绪中，无法正视现在的生活，陷入不断循环的痛苦中自我折磨。比如，孩子在学习中出现小错误时，就会联想到曾经因为类似的问题而被家长训斥，脑海中不断回放当时的画面，由此联想到这次依然会被批评，甚至联想到被家长抛弃，等等。

其实，这些负面的想法和思维是经不起推敲的，既与现实不符，也对现实有害。家长必须帮助孩子停止反刍思维，让他们打破痛苦的循环，从抑郁的情绪中脱离出来，重获快乐。以下的方法可以提供一些帮助。

方法一：回忆是大脑对外界事物复杂的反应组合。反刍思维也不是凭空出现的，总是因为某些刺激突然被激发出来，然后才有了回顾记忆的冲动。因此家长可以通过避免让孩子关注负面信息的方法来减少这些不良刺激。

当孩子陷入反刍思维的时候，他们的关注点常会落在负面信息上，试图找到和自己同病相怜、能产生共情的事物，所以自然会选择性地无视正面信息或是负面信息中积极的一面，从而加重抑郁情绪。当孩子陷入对负面信息的极度关注状态时，家长应该及时给出客观的评价和正确的分析，引导孩子学会多角度审视问题，不要只盯着硬币的一面看，既要动眼，也要动手——翻到另一面看看，更要动脑——凡事都要朝好的方向思考。

方法二：如果孩子正处于反刍思维中难以自拔，让他们马上停止这种做法，可能有点儿困难，家长倒不如一点点地化解他们的负面想法。

家长可以劝解孩子不要将所有的失败都一概而论，也不要过度解读外界的批评，否则必然会出现认知偏差，还会被全盘否定自己的想法所困扰。比如“我就是什么都学不会”“没有人关心我、在乎我”“我让他们失望了，我对自己也很失望”，这样消极悲观的自我判断只会加重抑郁和痛苦，非常不利于对现实进行客观评估、有效解决眼前的困难。

方法三：家长通过安排一些中性的、正面的活动（如低强度的运动、精细动作训练等）来帮助孩子转移注意力。

作为一种思考方式，反刍思维需要消耗大脑中的认知资源，而我们的认知资源是有限的，想一心二用并没有说起来那么容易，对两件事同时进行信息加工还是有一定难度的。所以，家长恰好可以利用大脑的这个缺陷来帮助孩子“逃离”反刍思维的控制，通过开展新的活动，把原先全部集中在负面想法上的注意力转移，顺势打破恶性循环的怪圈。

方法四：复刻美好的回忆，让内心能量自我延续。

普林斯顿大学的研究人员发现，特定环境下的特定事物使我们产生想法和感受，当回忆起这些特定画面时，大脑再次产生与过去相似的想法和感受。换言之，孩子越是回忆美好的过往，就越容易感到幸福；反之，他们越是回忆负面事件，就越容易陷入抑郁。

伟大的哲学家柏拉图曾说过："人活在世，能获得的最好结局便是，安稳地坐在那里，沉思着美好的事物。"我很喜欢和妈妈聊过去的事，每次和妈妈聊到那些美好的回忆时，我都会感受到自己被呵护和被需要，更感受到了世界的美好、温馨与愉悦，内心充满了能量。家长让孩子试着回想一下，那些让他们对自己、对生活充满希望的时刻是如何出现的，铭记那些美好的感受，并且再一次对它们产生需求。家长记得提醒孩子，他们当时的心情是正常的、合理的，那些后来慢慢出现的痛苦又不安的感受才是不真实的，它们都是受到负面思维影响而产生的错觉而已。

在亲密、融洽的家庭氛围中，与家人一起回想美好的过去、分享一些有趣的事情，也是一种潜移默化的文化传承。在孩子的成长过程中，他们会不断复制这些美好的回忆，逐渐塑造出健全的人格，拥有处理复杂问题的能力，以及良好的心理素质和强大的抗压能力。即便某天生活在光亮里的孩子被黑暗团团围住，他也绝不会畏惧黑暗、感到不安，更不会被反刍思维控制，因为他的内心早就有了自己的光亮，这些光亮会以正能量的形态不断生长，充斥着他的心灵，支配着他的言行，改变着他的人生，让他有能力与黑暗抗衡，从此一路披荆斩棘，活出自我的风采。